U0257721

工程软件数控加工自动编程丛书

UG NX 8.0 数控加工自动编程

第 4 版

康亚鹏　杨小刚　左立浩　主编

机械工业出版社

本书以 UG NX 8.0 为平台，内容按照由简单到复杂、由基础入门到高级应用，通过详细的讲解和实例演示，图文并茂地叙述了 UG CAM 的特点、操作方法及工作流程，系统地介绍了 UG CAM 中各加工操作类型的创建、参数设置、机床控制、实例仿真检查。本书特别注重实用性，针对每个应用模块都给出了相应的典型操作实例，最后一章还给出了 3 个大型综合实例的工艺流程、制作方法。另外，本书还配备了实例源文件和多媒体教学资源，对书中讲到的所有实例均制作了多媒体语音视频进行讲解（扫描前言中的二维码下载或联系 QQ296447532 获取），内容通俗易懂、方便实用，便于读者学习。

　　本书面向具备机械加工理论基础、CAD 基础知识的初学者，可以作为数控加工计算机编程的培训教材或自学参考资料，也可作为企业、大中专院校、职业培训班的数控培训教材。

图书在版编目（CIP）数据

UG NX 8.0 数控加工自动编程/康亚鹏，杨小刚，左立浩主编. —4 版.
—北京：机械工业出版社，2013.1（2025.2 重印）
（工程软件数控加工自动编程丛书）
ISBN　978-7-111-40680-8

Ⅰ．①U… Ⅱ．①康… ②杨… ③左… Ⅲ．①数控机床—加工—计算机辅助设计—应用软件　Ⅳ．①TG659-39

中国版本图书馆 CIP 数据核字（2012）第 293243 号

机械工业出版社（北京市百万庄大街 22 号　邮政编码 100037）
策划编辑：周国萍　　　　责任编辑：周国萍
责任校对：张　力　　　　封面设计：鞠　杨
责任印制：单爱军
北京虎彩文化传播有限公司印刷

2025 年 2 月第 4 版·第 16 次印刷
184mm×260mm·18.75 印张·460 千字
标准书号：ISBN　978-7-111-40680-8
定价：46.00 元

凡购本书，如有缺页、倒页、脱页，由本社发行部调换
电话服务　　　　　　　　　　网络服务
服务咨询热线：010-88361066　机 工 官 网：www.cmpbook.com
读者购书热线：010-68326294　机 工 官 博：weibo.com/cmp1952
　　　　　　　010-88379203　金 书 网：www.golden-book.com
封底无防伪标均为盗版　　　教育服务网：www.cmpedu.com

前　言

Unigraphics（简称 UG）是目前数控加工行业中应用最广泛的软件之一，它是由全球著名的 MCAD 供应商 Unigraphics Solutions 公司（简称 UGS）推出的，集 CAD/CAM/CAE 于一体紧密集成的三维参数化软件，是当今世界最先进的计算机辅助设计、分析、制造软件之一。

UG 是从 CAM 发展而来。20 世纪 70 年代，美国麦道飞机公司成立了解决自动编程系统的数控小组，后来发展成为 CAD/CAM 一体化的 UG 软件。90 年代被 EDS 公司收并，为通用汽车公司服务。2007 年 5 月正式被西门子收购，因此，UG 有着美国航空和汽车两大产业的背景。自 UG 19 版以后，此产品更名为 UG NX，UG NX8.0 作为 UGS 公司为用户提供的最新版本，其功能覆盖了产品的整个开发过程，是产品生命周期管理的完整解决方案。

UG NX 8.0 通过在建模、模拟、自动化与测试关联性方面整合一流的几何工具和强大的分析技术，实现了模拟与设计的同步、更迅速的设计分析迭代、更出色的产品优化和更快捷的交付速度，重新定义了 CAE 生产效率。UG NX 8.0 CAM 模块以全新工具提升生产效率，包括推出两套新的加工解决方案（为用户提供了特定的编程任务环境），为零件制造赋予了全新的意义。数控测量编程（CMM Inspection Programming）可帮助用户自动利用直观的产品与制造信息（PMI）模型数据。UG NX 8.0 CAM 模块为 CNC 切削提供了一套完整的解决方案，能够完成铣削中的从 2.5 轴/3 轴、高速加工到多轴加工；钻削中的点位中心孔、固定循环孔加工；线切割加工、斜度切割；车削加工中的中心孔、粗车加工、精车加工、螺纹加工等。

本书以 UG NX 8.0 中文界面叙述，共分为 10 章，各章安排由浅及深，详细介绍了 UG NX 8.0 CAM 数控加工的相关知识，内容与实例相结合，力求培养读者全面完整的设计思想，达到融会贯通、举一反三的学习目的，早日成为合格的 CAM 编程工程师。

第 1 章主要介绍了 UG 模块的基本划分、各模块存在的意义、NX8.0 最新界面、新版本中所增加的新功能。第 2 章介绍了 CAM 模块的基础知识，包括基本操作、加工环境设置、功能术语以及工艺流程等。第 3 章介绍了 CAM 模块的通用加工参数设置，包括切削参数、非切削移动参数、转速、进给、机床控制等。第 4 章介绍了平面铣加工，包括平面铣的创建、切削方式、操作参数，并给出了平面铣削中典型加工实例。第 5 章介绍了面铣削的操作和参数设置，并给出了面铣削中典型加工实例。第 6 章介绍了型腔铣的操作和参数设置，并给出了典型加工实例。第 7 章介绍了深度加工轮廓铣的加工操作和参数设置，并给出了典型加工实例。第 8 章介绍了固定轮廓铣的加工操作和参数设置，并给出了典型加工实例。第 9 章介绍了点位加工操作，包括各循环操作和参数定义。第 10 章利用 3 个典型综合加工实例完整地讲解了模型分析、工艺方案制订、各加工步骤和各阶段加工操作方法的设定。

为了帮助读者更加直观的学习，本书配有全书各实例源文件，并制作了全部实例的语音视频文件，可扫描前言中的二维码下载或联系 QQ296447532 获取。本书不但适用于 CAM 初学者，也是专业的数控加工技术人员的参考资料，也可作为企业、大中专院校、职业培训班的数控培训教材。

　　本书由康亚鹏、杨小刚、左立浩主编，参与编写的有长春职业技术学院王敬艳、河南机电高等专科学校张帅、开封技师学院朱丽军。书中案例由李先雄工程师、房凡余工程师提供。

　　编著者力图使本书的知识性和实用性相得益彰，但由于水平有限，在编写过程中难免有纰漏和不足之处，在此，恳请广大读者、同仁不吝赐教，对书中不足之处给予指正。

编著者

目　录

第1章 UG NX 8.0 概述

内容提要: 主要介绍了 UG NX 8.0 软件的基础知识,包括概述、功能模块划分、UG NX 8.0 CAM 的特点、新版本中的新增功能等。

重点掌握: 对 UG NX 8.0 有初步的认识,了解各个模块的功能及作用,要知道 UG 在 8.0 新版本中新增的主要功能。

1.1 UG NX 8.0 概述

Unigraphics(简称 UG)软件是一款优秀的面向制造业的集 CAD/CAE/CAM(计算机辅助设计、分析和制造)于一体的紧密集成的三维参数化高端软件。它广泛应用于航空航天、汽车、通用机械、模具、家电等工业领域。

UG NX 8.0 为用户提供了强大的造型和加工功能,采用了自由的复合建模技术、三维立体参数化;方便的布尔运算功能减少了设计师的工作强度;界面友好、操作简单,绝大多数功能可以通过图标实现;在进行对象操作时,具有自动推理功能;操作过程中,有相应的提示信息。UG NX 8.0 主界面如图 1-1 所示。

UG NX 8.0 提供了界面良好的二次开发工具:GRIP(GRAPHICAL INTERACTIVE PROGRAMING)和 UFUNC(USER FUNCTION),并能通过高级语言接口,使 UG 的图形功能与高级语言的计算功能紧密结合起来。该软件拥有统一的数据库,真正实现了 CAD/CAE/CAM 等各模块之间的无数据交换的自由切换。

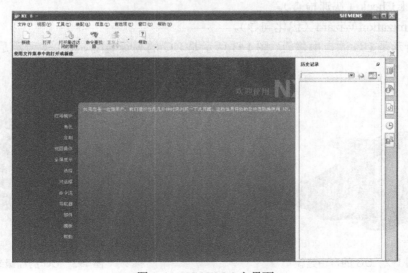

图 1-1　UG NX 8.0 主界面

1.2　UG NX 8.0 的主要功能模块

UG NX 8.0 有 CAD/CAM/CAE 三大模块。各模块在工作当中经常需要进行数据交换。下面介绍与 CAM 相关联的 CAD/CAE 两个模块的功能。

1. CAD 模块

CAD 模块也叫计算机辅助设计模块，主要功能是利用 UG 强大的造型功能进行数据模型制作，NC 编程是基于 CAD 数据模型进行的，任何 CAM 程序的编制都必须有 CAD 数据模型作为加工对象。因此，UG CAM 模块与 UG CAD 模块是息息相关、相辅相成的。UG 的 CAM 数据与 CAD 模型共同保存在同一个部件文件中，一旦 CAD 模型被修改，CAM 数据就会随之自动更新，避免了工程师的重复劳动，大大提高了工作效率。

UG NX 8.0 的 CAD 模块包含以下几个方面的内容：

1）UG/Gateway（入口）。

2）UG/Solid Modeling（实体建模）。

3）UG/Features Modeling（特征建模）。

4）UG/Freeform Modeling（自由形状建模）。

5）UG/User-Defined Features（用户定义的特征）。

6）UG/Drafting（制图）。

7）UG/Assembly Modeling（装配建模）。

8）UG/Advanced Assemblies（高级装配）。

9）UG/WAVE Control（控制）。

10）UG/Geometric Tolerancing（几何公差）。

11）UG/Sheet MetalDesign（UG 钣金设计）。

12）Check Mate（一致性检查）。

13）Quick Check（快速检查）。

14）Optimization Wizard（优化向导）。

图 1-2 所示是 UG 的自由建模，图 1-3 所示是 UG 的高级装配。图 1-4 所示是 UG 的钣金设计图。

图 1-2　UG 的自由建模

图 1-3　UG 的高级装配

图 1-4　UG 钣金设计图

2. CAE 模块

CAE 模块作为加工前的一项重要检验模块，可以完成如下功能：

1）UG/Senario for FEA（UG 有限元前后置处理）。该模块是一个集成化、全相关、直观易用的 CAE 工具，可对 UG 零件和装配进行快速的有限元前后置处理。该模块主要用于设计过程中的有限元分析计算和优化，包括全自动网格划分、交互式网格划分、材料特性定义、载荷定义和约束条件定义、NASTRAN 接口、有限元分析结果图形化显示、结果动画模拟、输出等值线图或云图、进行动态仿真和数据输出等内容，如图 1-5 所示。

图 1-5　有限元分析

2）UG/Scenario for Motion（UG 运动机构）。UG/Mechanism 使用嵌入的来自机构动力学公司（NDI）的 ADAMS/Kinematics 解算器，并对于更复杂的应用，可以为 ADAMS/Solver，MDI 的动力学解算器建立一个输入文件。该模块提供机构设计、分析、仿真和文档生成功能，可在 UG 实体模型或装配环境中定义机构，包括铰链、连杆、弹簧、阻尼、初始运动条件等机构定义要素，定义好的机构可直接在 UG 中进行分析，可进行各种研究，包括最小距离、干涉检查和轨迹包络线等选项，同时可实际仿真机构运动。用户可以分析反作用力，图解合成位移、速度、加速度曲线。反作用力可输入有限元分析，并可提供一个综合的机构运动连接元素库。UG/Mechanism 与 MDI/ADAMS 无缝连接，可将前处理结果直接传递到 MDI/ADAMS进行分析，如图 1-6 所示。

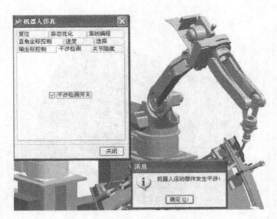

图 1-6　UG 的运动仿真

1.3　UG NX 8.0 CAM 的特点

UG CAM（Unigraphics CAM）功能模块是基于 Unigraphics 的 NC 编程工具，能与 e-Factory 集成紧密的数据结构，被广泛地应用于航空、航天、汽车、通用机械等加工领域。

UG CAM 提供了以铣加工为主的多种加工方法，包括 2～5 轴铣加工、2～4 轴车削加工、电火花线切割加工和点位加工等。UG CAM 的主要功能是承担交互式图形编程（NC 编程）的任务，即针对已有的 CAD 模型所包含的产品表面几何信息，进行数控加工刀位轨迹的自动计算，完成产品的加工制造，从而在计算机上的仿真环境中实现产品设计者的设计构想，达到所见即所得的效果。其具有以下几个优点。

1）友好的人机操作界面，无缝连接的 CAD、CAE、CAM 切换功能。

2）走刀方式的多样化，实现了 UG 强大的加工功能。

3）灵活的刀具编辑功能，可添加的刀具没有限制。

4）直观的三维动态仿真加工功能。

5）开放式的自定义加工环境。

6）完善的后置处理功能。

UG CAM 不仅可以直接利用产品模型编程，更重要的是它可以对装配模型进行编程。这样可以将夹具一同考虑进去，避免刀具与夹具发生碰撞或干涉。图 1-7 所示是 UG 的多轴加工。

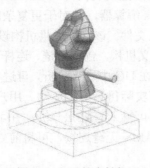

图 1-7　UG 的多轴加工

4

1.4　UG NX 8.0 CAM 的主要功能模块

UG CAM 模块根据操作的方法和内容，可以分为以下几个子模块。

1.4.1　UG/CAM Base（基础模块）

UG/CAM Base 是所有 Unigraphics 加工产品构造在其上的基础，它允许用户操纵由其他 UG 加工应用输出的刀轨。UG/CAM Base 提供两个主要加工应用。第一个是钻切工的点到点应用；第二个是驱动曲线加工，它是一个灵活的轮廓加工应用。在这个应用中，用户选择一组曲线产生加工那些曲线的刀具运动。

UG/CAM Base 提供综合的功能组去管理制造数据和刀具位置源文件（CLSF）。UG/CAM 为任一 CAM 应用起到一个附加制造操作的作用，提供全相关的刀轨变换，当需要相同的、重复的刀轨变换时，这些是极其宝贵的。UG/CAM Base 使用 2-维和 3-维变换，有移动或复制最终刀轨的能力，UG/CAM Base 模块也用于调整维护加工操作顺序。

1. UG/CAM Base（基础模块）的主要特征

1）作为一个附加 UG CAM 功能的入口。

2）管理刀具位置源文件。

3）提供全相关的刀轨变换。

4）管理调整中的制造操作数据。

5）提供一个综合的钻削应用（3～5 轴）。

6）提供一个轮廓加工应用（驱动—零件—检查）。

7）提供为加工曲线的易于使用的轮廓子程序。

2. UG/CAM Base（基础模块）的主要优点

1）通过方便地移动或复制主刀轨，消除了返工。

2）简化刀轨建立，快速完成如镗孔、攻螺纹和循环钻孔等任务。

3）计算刀路轨迹更快捷，编程效率提高。

4）为用户存取 CAM 功能提供一个集中的位置。

1.4.2　UG/Postprocessing（后处理模块）

UG/Postprocessing 包括一个通用的后置处理器（GPM），使用户能够方便地建立用户定制的后置处理。通过使用加工数据文件生成器（MDFG），一系列交互选项提示用户选择定义特定机床和控制器特性的参数。这些易于使用的对话框允许为各种钻床、多轴铣床、车床、电火花线切割机床生成后置处理器。后置处理器的执行可以直接通过 Unigraphics 或操作系统来完成。

UG/Postprocessing（后处理模块）的主要特征：

1）提供易于使用的对话框，允许用户生成后处理，提供与 Unigraphics 加工模块的紧密集成。

2）适用于目前世界上几乎所有主流 NC 机床和加工中心。用户可方便地建立自己的 2～5 轴或更多轴的铣削加工、2～4 轴的车削加工和电火花线切割加工后置处理程序。

3）支持广泛的各种平台和操作系统。

4）ASII 码加工数据文件格式可以移植到多种平台进行后置处理。

1.4.3　UG/Lathe（车削模块）

UG/Lathe 模块提供了高质量生产车削零件需要的所有功能，且在零件几何体与刀轨间是全关联的，刀具路径能随几何体的改变而自动更新，提供包括粗车、多刀具路径精车、车沟槽、车螺纹和中心钻等子程序；控制进给量、主轴转速和加工余量等参数。通过生成并在屏幕模拟显示刀具路径，可检测参数设置是否正确，同时生成一个刀位源文件（CLS），用户可以存储、删除或按要求修改。输出时可以直接被后处理产生机床可读的一个源文件。图 1-8 所示为 UG CAM 车削，图 1-9 所示为 UG CAM 车铣复合。

 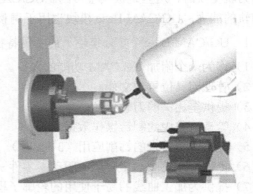

图 1-8　UG CAM 车削　　　　　　　　　图 1-9　UG CAM 车铣复合

1.4.4　UG/Planar Milling（平面铣削模块）

UG 平面铣削模块功能如下所述：多次走刀轮廓铣、仿形内腔铣、Z 字形走刀铣削、规定避开夹具和进行内部移动的安全余量、提供型腔分层切削功能、凹腔底面小岛加工功能。对边界和毛料几何形状的定义、显示未切削区域的边界、提供一些操作机床辅助运动的指令，如冷却、刀具补偿和夹紧等，如图 1-10 所示。

1.4.5　UG/Core & Cavity Milling（型芯和型腔铣模块）

UG 型芯、型腔铣削可完成粗加工单个或多个型腔、沿任意类似型芯的形状进行粗加工大余量去除、对非常复杂的形状产生刀具运动轨迹，确定走刀方式，通过容差型腔铣削可加工设计精度低、曲面之间有间隙和重叠的形状，而构成型腔的曲面可达数百个，发现型面异常时，它可以自行更正，或者在用户规定的公差范围内加工出型腔等功能。图 1-11 所示为 UG CAM 型腔铣。

图 1-10　UG CAM 平面铣

图 1-11　UG CAM 型腔铣

1.4.6　UG/Fixed-Axis Milling（固定轴铣模块）

UG 固定轴铣模块功能：产生 3 轴联动加工刀具路径、加工区域选择功能。有多种驱动方法和走刀方式可供选择，如沿边界切削、放射状切削、螺旋切削及用户定义方式切削，在沿边界驱动方式中又可选择同心圆和放射状走刀等多种走刀方式，提供逆铣、顺铣控制以及螺旋进刀方式、自动识别前道工序未能切除的未加工区域和陡峭区域，以便用户进一步清理这些地方。UG 固定轴铣削可以仿真刀具路径，产生刀位文件，用户可接收并存储刀位文件，也可删除并按需要修改某些参数后重新计算，如图 1-12 所示。

1.4.7　UG/Flow Cut（自动清根模块）

UG/Flow Cut 处理器模块与 UG/Fixed-Axis Milling 同时工作，分析零件的表面（基于参数）和检测所有相切条件。可以自动找出待加工零件上满足"双相切条件"的区域，一般情况下，这些区域正好就是型腔中的根部区域和拐角。用户可直接选定加工刀具，UG/Flow Cut 模块将自动计算对应于此刀具的"双相切条件"区域作为驱动几何，并自动生成一次或多次走刀的清根程序。当出现复杂的型芯或型腔加工时，该模块可减少精加工或半精加工的工作量，如图 1-13 所示。

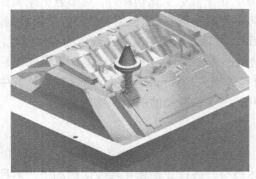
图 1-12　UG CAM 固定轴铣

图 1-13　UG CAM 清根

1.4.8 UG/Variable Axis Milling（可变轴铣模块）

UG/Variable Axis Milling 模块支持在任何 Unigraphics 曲面上的固定和多轴铣功能，完成 3～5 轴轮廓运动，同时可以控制刀轨，也可以自定义刀具的方位和曲面表面粗糙度，如图 1-14 所示。

1.4.9 UG/Sequential Milling（顺序铣模块）

UG 顺序铣模块可实现如下功能：控制刀具路径生成过程中的每一步骤的情况、支持 2～ 5 轴的铣削编程、和 UG 主模型完全相关，以自动化的方式获得类似 APT 直接编程一样的绝 对控制，允许用户交互式的一段一段地生成刀具路径，并保持对过程中每一步的控制，提供 的循环功能使用户可以仅定义某个曲面上最内和最外的刀具路径，由该模块自动生成中间的 步骤。该模块是 UG 数控加工模块中如自动清根等功能一样的 UG 特有模块，适合于高难度的 数控程序编制，如图 1-15 所示。

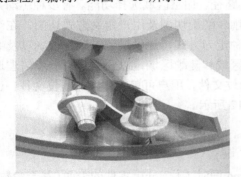

图 1-14　UG CAM 可变轴铣

图 1-15　UG CAM 顺序铣

1.4.10 UG/Vericut（切削仿真模块）

UG 切削仿真模块是集成在 UG 软件中的第三方模块，它采用机交互方式模拟、检验和显 示 NC 加工程序，是一种方便的验证数控程序的方法。由于省去了试切样件，可节省机床调试 时间，减少刀具磨损和机床清理工作。通过定义被切零件的毛坯形状，调用 NC 刀位文件数据， 就可检验由 NC 生成的刀具路径的正确性。UG/Vericut 可以显示出加工后并着色的零件模型， 用户可以容易地检查出不正确的加工情况。作为检验的另一部分，该模块还能计算出加工后 零件的体积和毛坯的切除量，因此就容易确定原材料的损失。Vericut 提供了许多功能，其中 有对毛坯尺寸、位置和方位的完全图形显示，可模拟 2～5 轴联动的铣削和钻削加工。

1.4.11 UG/Wire EDM（线切割模块）

UG 线切割支持如下功能：UG 线框模型或实体模型，进行 2 轴和 4 轴线切割加工，多种 线切割加工方式，如多次走刀轮廓加工、电极丝反转和区域切割、支持定程切割，使用不同 直径的电极丝和功率大小的设置，可以用 UG/Postprocessing 通用后置处理器来开发专用的后处理程序，生成适用于某个机床的机床数据文件。该模块还支持许多流行的 EDM 软件包，包括 AGIE Charmilles 和许多其他的工具，如图 1-16 所示。

1.4.12　NURBS（轨迹生成器模块）

NURBS 允许用户从 UG NC 处理器直接生成基于 NURBS 的刀轨，从 UG Solid 模型直接生成的新刀轨，使产生的零件有较高的精度和良好的表面质量，如图 1-17 所示。

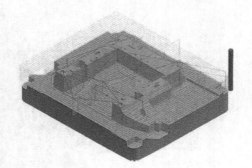

图 1-16　UG CAM 线切割　　　　　图 1-17　NURBS 轨迹生成

1.5　UG NX 8.0 的新增功能

来自 SiemensPLM Software 的 NX 8.0 产品开发解决方案提供了多种新功能和更强大的工具，用于设计、仿真和制造。最新版本构建在西门子的全息 PLM 技术框架之上，可以提供可视程度更高的信息和分析，从而改善协同和决策过程。应客户的要求，西门子推出了用于 CAD 建模、验证、制图、仿真/CAE、工装设计和加工流程的增强功能，可以提高整个产品开发过程中的生产效率，更快地提供质量更高的产品。

1.5.1　UG 全息 3D 的新增功能

NX 8.0 包括很多用于产品开发的 PLM 全息技术扩展。NX 中的全息 3D（HD3D）环境和可视化报告工具及分析工具经过了扩展，能为验证产品模板和其他应用实现丰富的可视交互和信息交付。

NX 8.0 中的 HD3D 可视化报告从数量和范围上扩展了预定义的状态报告，可以提供关于准时/延迟状态以及其他设计与项目属性的更多信息。还可以创建包括多个顶级报告属性的多维报告，支持按一个属性对各种对象进行彩色编码，并对其他属性显示可视标签，从而实现更为丰富的视觉反馈。例如，按工装状态对零部件进行彩色编码，并同时在零部件上显示完成计划的标签。可以在顶级报告属性之间进行切换，以按不同的方式对报告数据进行分组和排序。

输入方法和实用性均得到增强，可以更方便地创建可视化报告，其中的查询集涵盖范围更广、更复杂。新增加了对于数据类型值、有效值列表、自动键入完成功能和 Teamcenter 属性的支持，可以简化报告定义工作。HD3D 可视化报告还支持定制化位图和图例、定制化 InfoView 和工具提示信息，以及指向网站及关联文档的超链接，以增强可视反馈，如图 1-18 所示。

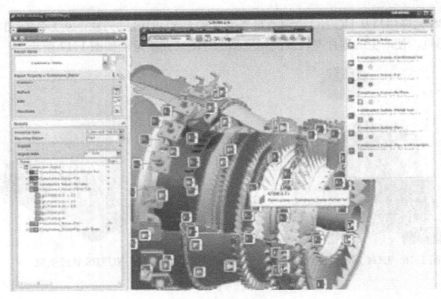

图 1-18　UG HD3D

1.5.2　UG 验证的新增功能

NX 8.0 中已经对 NX Check-Mate 验证工具进行了扩展，包括超过 300 个安装后即可使用的验证器和 900 项检查功能。现在的这些新增内容包括汽车产品数据战略标准工业组——《产品数据质量》指导原则中定义的所有几何质量标准。HD3D 用户界面中对 Check-Mate 的改进能提供更为丰富的可视交互，可以加快问题的理解和解决速度。

需求验证功能得到了扩展，能够将 Teamcenter 需求分配给产品子系统并将其连接到 NX 设计。在 NX 8.0 中，用于需求检查的创建和结果与通知的 HD3D 交互，增强了需求验证功能。通过使用各种标准 HD3D 功能，如流程列表、可视标记、InfoView、工具提示和透明显示模式，需求验证提供了丰富直观而且更为灵活的反馈环境，可快速查找、诊断和修复问题，以确保产品能够满足需求，如图 1-19 所示。

1.5.3　UG 设计的新增功能

1. UG 模块化设计的新增功能

NX 8.0 推出了模块化设计功能，能简化复杂设计的建模和编辑，并支持多位设计师并行工作。通过零部件模块，可以采用可重用设计元素的有序结构，将设计划分为独立、自治且具有模块化接口的功能元素，如图 1-20 所示。

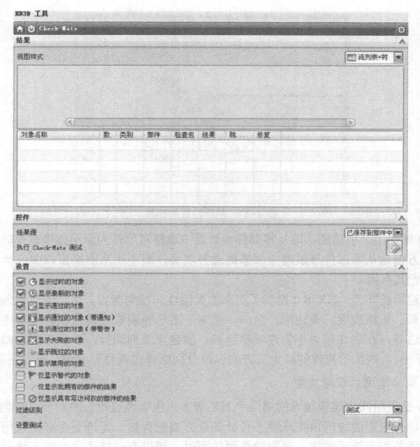

图 1-19　Check-Mate 验证

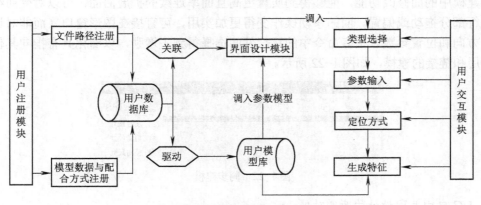

图 1-20　模块化设计

2. UG 基于特征的建模的新增功能

　　新的特征浏览器为特征及其关系提供了丰富直观的图形视图,可更快速而直观地理解设计意图和设计变更的影响。当鼠标在浏览器中悬停在某个特征之上时,对象将在图形窗口和零部件导航器中突出显示,并将显示与其他特征和对象的关系,如图 1-21 所示。

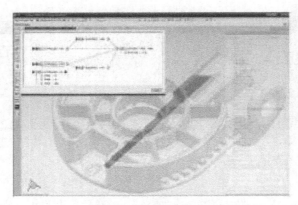

图 1-21　基于特征的建模

NX 8.0 增加了一项功能，即从零部件导航器中选择对象作为活动建模命令的输入。可以更为快速而方便地从零部件导航器中频繁地选择项目，而不用从图形窗口中选择，这对于复杂的零部件尤其有用。

对于创建特征阵列，NX 8.0 提供了更高的灵活性和控制能力。可以通过更为广泛的布局选择创建阵列，包括线性、多边形、纵向、参考、圆形螺旋或常规选项。可以使用阵列特征填充指定的边界，在线性布局中创建对称阵列，创建交叉列或行，以及在圆形或多边形布局中创建辐射阵列。增加的控件能够定义方向以及分别选择实例进行编辑、推迟更新和变动。

3. UG 同步建模的新增功能

NX 8.0 是采用同步建模技术的第四个 NX 版本，包含经过改进的同步建模功能，能提高建模灵活性，在更短的时间内实现更多设计备选方案的评估。无论是否有特征历史记录，都可以更改模型的相交倒圆顺序。在删除模型的面时，可以有选择地修复或不修复邻接面。通过同步建模中的面修改功能，能够得到质量更高且曲率连续的扩展曲面，可以对受曲线限制的面进行部分拖动或偏置。面的移动操作变得更加实用，可直接在图形窗口（而非对话框）中控制方向和位置参数。很多命令中的零部件间选择得到了增强，以简化具有指向其他零部件的引用和链接的建模，如图 1-22 所示。

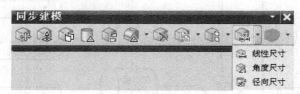

图 1-22　同步建模

4. UG 自由曲面设计的新增功能

NX 8.0 增强了自由曲面设计，采用了经简化的工作流程，并提供了对一系列广泛的曲线和曲面操作的增强控制，包括边缘匹配、扫掠、桥面和延伸曲面、变偏置、曲线配合和对齐、弯曲及样条曲线编辑。面和边缘弯曲限制支持锥线弯曲，这是一种更为高级的类型，具有柔和的表面，有助于提高铸造和钣金零部件的外观质量和可成形性。可以为面和小平面体创建草图分析对象，并使用彩色图例来指示草图上下的区域以及草图边界，如图 1-23 所示。

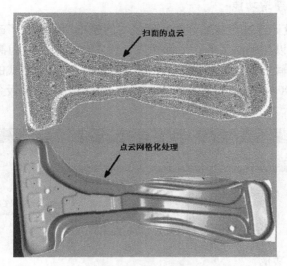

图 1-23 自由曲面设计中的网格化处理

5. UG 装配设计的新增功能

NX 8.0 提供了约束导航器，可以更方便地查找和处理装配体约束和解决问题。约束导航器可从资源栏访问，显示信息的可配置列并允许选择按组件、约束和状态对约束信息进行分组。增加的固定和交接约束可将组件固定在合适的位置。装配导航器得到了增强，增加了一个新图标来表示未解算的装配体约束，能清楚地指示问题的性质和严重性，并能够更快地访问其他信息。装配工具条如图 1-24 所示。装配约束如图 1-25 所示。装配实例如图 1-26 所示。

图 1-24 装配工具条

图 1-25 装配约束

图 1-26 装配实例图

6. UG 钣金设计的新增功能

NX 8.0 中的钣金设计通过在装配体关联环境中的建模功能得到了改进。可以使用现有几何模型创建关联法兰,以控制法兰的大小和角度。将实体模型转换为钣金模型时,可以选择通过零折弯半径保留陡峭边缘。增强了将展平图导出为 DXF 文件格式的功能,提供了更多特定于钣金的选项。在 NX 8.0 中,利用新的阵列建模工具可以简化在钣金组件上创建冲孔阵列的过程,如图 1-27 所示。

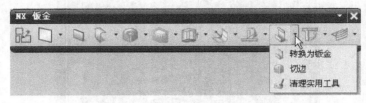

图 1-27 装配约束

7. UG 制图的新增功能

NX 8.0 绘图工具增加了一组命令,用于创建和编辑自己定制的工程图模板。可以为模板文件中的每个图纸选项卡创建和编辑关联的边界和区域,构造和修改定制化标题块,创建和链接模板区域,将注释、表格、符号和视图与图纸区域关联,从当前制图零部件创建可重用图纸模板,以及应用基于知识融合的规则来控制将模板中的对象插入到其他零部件中的行为。

可在图纸中创建切断视图的新工具可向视图添加多个水平或垂直切断,允许在图纸上绘制会忽略部分几何模型、显得更为紧凑的视图。制图和建模支持 TrueType、OpenType 和 PostScript 等标准字体,允许更换、增强或补充可用字符字体,如图 1-28 所示。

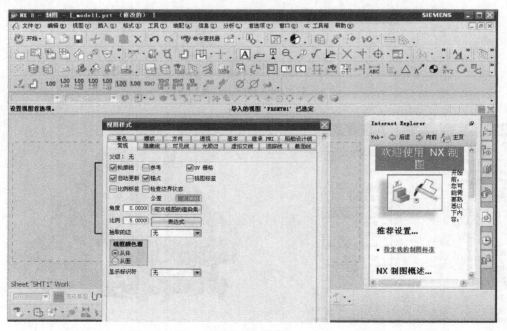

图 1-28 制图

1.5.4　UG CAM 的新增功能

通过第 8 版的发布，带来涵盖主要行业和机床技术的顶级功能。通过新的 5 轴功能，可以比以往任何时候都更方便地获得 5 轴加工的好处，甚至在铸模和冲模应用中也能使用。其中还提供了新的专用方法，以便使用 NX 8 CAM 加工叶轮组件。将机械零部件的制造效率提高到了新水平，通过针对机械零部件进行了优化的全系列 NC 编程功能，NX CAM 将制造生产效率提高到了新的水平。提供铣削、钻孔、车削和电火花线切割应用的机械零部件所必要的高级编程功能。新的处理器提供了对孔、槽和腔等呈规则形状的特征最高效的编程方法。铣削、钻孔和车削功能通过型材敏感的加工中的工件跟踪进行了增强，让机械零部件编程变得快速而简单。

1．CAM 2.5 轴铣削

通过 NX 8.0 CAM 中的新选择方法，传统的 2.5 轴铣削更为直观，并能使生产效率达到前所未有的水平。切削体积可根据底、壁选择快速确定。这些底、壁数据结合加工中的工件（坯料）就能得出体积切割区域，如图 1-29 所示。

1）根据加工中的型材，必要时会在掏底时采用多个深度。

2）对于加工中的型材，必要时会在壁切削过程中多次走刀。

3）切削总是使用加工中的工件来消除气流切削。

4）未切削的待加工材料将持续显示，在生成刀具轨迹之前还会显示切削区域。

2．CAM 基于特征的加工

NX 8.0 CAM 通过特征的交互式开发和可更快实现定制化的流程定义将 FBM 提高到了新的层次。通过新的特征学习功能，您可以采用交互方式在图形环境中定义定制化特征类型。然后，特征识别功能会动态地解释 XML 特征定义，包括定制化特征，如图 1-30 所示。

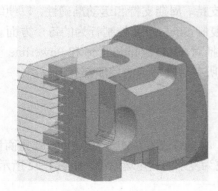

图 1-29　2.5 轴铣削

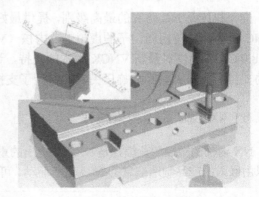

图 1-30　基于特征的加工

3．CAM 叶轮加工

在第 8 版中，NX 扩展了多叶片叶轮和叶盘方面的功能，增加了切削方法，如图 1-31 所示。

1）新倒圆精加工操作。

2）螺旋叶片精加工实现卓越的精加工效果。

3）先进的多级点同步确保最平滑的精加工效果。

4）刀轴自动插入，并可在任意点进行手动控制。在操作刀具轴时会预览插入方向，显示在哪些非安全区域 NX 将不会自动倾斜来保持平滑的无过切轨迹。

图 1-31　5 轴铣削叶片

4. CAM 动态刀轴控制

NX 刀具显示包括互动式手柄。可以显示整个机械装配体，并能拖动刀具来查看机械在任何刀具位置的定位情况。将会显示碰撞和机械轴限制。在以互动方式设置刀轴或编辑刀具参数时，可以查看这些完整环境信息。

5. CAM 工艺文件

能够以方便编辑的模板形式将 NC 程序和刀具信息发送到车间。可以发送整个设置或选定的操作。模板可以在 Excel 中进行定制化，因此无需 TCL 或 MOM 编程知识即可通过页面内容长度、重复标题、刀具和操作表格、图形、零部件属性等项输出定制化表单。

6. CAM NC 仿真

虚拟机床是 NC 仿真的最高级别，提供最好的语言支持、周期支持和运动准确性，以便编制 NC 程序。它使用西门子的虚拟 NC 内核（VNCK）复制 Sinumerik 控制行为的每个方面。NX 8.0 CAM 提供对最新 VNCK 版本的支持，该版本包括对 840D Solutionline 和 Powerline 型号的支持。旋压刀具和非旋压刀具均得到了支持，而且所有仿真环境的性能都有所提高。

1.5.5　NX CMM 数控测量编程

NX 内部的数控测量编程是 NX 8.0 迈出的重要一步，率先通过了 DMIS 5.2 认证。质量衡量可以由嵌入的产品制造信息（PMI）进行驱动。可以开发更为复杂的测量运动链，如图 1-32 所示。

图 1-32　NX 8.0 内置数控测量

第2章　UG NX 8.0 CAM 的基础知识

内容提要： 着重介绍了 UG 8.0 CAM 的基本操作方法、加工环境设置、操作导航器的应用、功能术语、仿真操作、后处理和 CAM 的基本加工流程。

重点掌握： 领会 CAM 的加工流程，掌握软件的基本操作方法，熟练应用操作导航器，理解不同坐标系的存在意义。

2.1　UG NX 8.0 CAM 的基本操作

2.1.1　UG NX 8.0 CAM 的界面操作

UG CAM 的工作界面简洁直观，主要由窗口标题栏、主菜单、工具栏、主视区、提示栏、状态栏、资源导航栏、导航按钮及弹出式菜单等部分组成。

在 UG NX 8.0 主界面中进入加工模块后，会显示出常用的加工工具按钮和菜单项，如图2-1 所示。

图2-1　UG CAM 的主界面

1. UG CAM 的各显示区域功能

UG CAM 主界面中各显示区域功能介绍如下：

（1）标题栏　显示软件的版本和当前模块名称、打开的文件名等，如图2-2 所示。

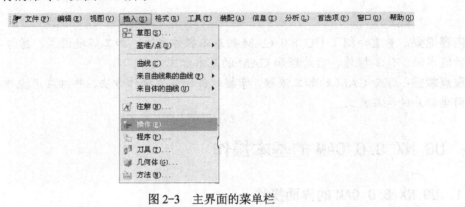

图 2-2 标题栏

（2）菜单栏 主要用来调用各执行命令以及对系统的参数进行设置。菜单栏几乎包含了整个软件所有的命令，如图 2-3 所示。

图 2-3 主界面的菜单栏

（3）工具栏 工具栏以按钮的形式提供命令的操作方式，各个工具条都对应菜单下不同的命令，用户可以添加或移除工具按钮，如图 2-4 所示。

（4）资源导航栏 显示当前打开模型文件中所有的资源，如图 2-5 所示。

图 2-4 CAM 主界面的工具栏　　　　　　　　图 2-5 主界面的资源导航栏

（5）提示栏 固定在主界面的中间，提示读者如何进行操作。执行每个命令步骤时，系统都会在提示栏中显示必须执行的动作，或者提示下一个动作，如图 2-6 所示。

（6）状态栏　主要用来显示系统及图元的状态，如图 2-7 所示。

图 2-6　主界面中的提示栏　　　　　　　图 2-7　主界面中的状态栏

2. UG CAM 的菜单栏

主菜单里主要包括【文件（F）】、【编辑（E）】、【视图（V）】、【插入（S）】、【格式（R）】、【工具（T）】、【装配（A）】、【信息（I）】、【分析（L）】、【首选项（P）】、【窗口（O）】及【帮助（H）】菜单。

在加工模块里发生变化的，主要有插入、工具、信息和首选项等几项。

（1）【插入】菜单　新增的菜单有零件明细表（P）、程序（P）、刀具（T）、几何体（G）和方法（M），如图 2-8 所示。

（2）【工具】菜单　新增了操作导航器（O）、车加工横截面（N）、部件材料（E）、CLSF、加工特征导航器（M）、部件导航器（P）、边界（D）、用户定义特征（F）、可视化编辑器（V）菜单，如图 2-9 所示。

图 2-8　【插入】菜单　　　　　　　　　图 2-9　【工具】菜单

（3）【信息】菜单 新增的车间文档（U）功能可以自动生成方便编程人员与操作人员之间交流的工艺文件。

（4）【首选项】菜单 选择预设置下的加工菜单，可以对加工首选项进行设置或修改。

3. UG CAM 的工具条

在 UG CAM 环境里，除了显示通用的工具条，还将出现加工模块内特有的四种工具条：加工创建、加工对象、加工操作和导航器工具条。开关工具条的方法与一般 Windows 软件的方法相同，可以选择【工具（T）】→【定制（Z）】子菜单，如图 2-10 所示；在【定制】导航栏的【工具条】选项内选择需要的工具条，即可实现工具条的开关。也可以在工具栏内任意位置单击鼠标右键，在弹出的菜单上直接选取要开关的工具条类型，使用这种方法更为简便。

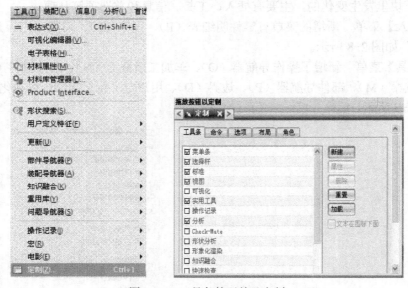

图 2-10 工具条的开关及定制

如果要更改或定制工具条中的各种图标，可以在图 2-11 所示的【定制】导航栏的【命令】选项内进行设定或修改。

（1）【插入】（加工创建）工具条 如图 2-12 所示，包括创建程序、创建刀具、创建几何体、创建方法和创建工序五种功能，它们与【插入】主菜单下新增的五个菜单具有相同的作用。各功能含义见表 2-1。

图 2-11 利用弹出菜单开关工具条

图 2-12 加工创建工具条

表 2-1　加工创建工具条释义

创建程序	创建数控加工程序节点，对象将显示在"操作导航器"的"程序视图"中
创建刀具	创建刀具节点，对象显示在"操作导航器"的"机床视图"中
创建几何体	创建加工几何节点，对象显示在"操作导航器"的"几何视图"中
创建方法	创建加工方法节点，对象显示在"操作导航器"的"加工方法视图"中
创建工序	创建一个具体的工序操作，对象显示在"操作导航器"的所有视图中

（2）【操作】（加工对象）工具条　提供了对加工对象的编辑、剪切、复制、粘贴、删除、变换、属性、信息、显示、切换图层/布局等多项功能，如图 2-13 所示。也可以通过在操作导航窗口中直接选取一操作，单击右键，在弹出的菜单中选取相应命令。

图 2-13　加工对象工具条

（3）【操作】（加工操作）工具条　提供生成刀轨、编辑刀轨、删除刀轨、重播刀轨、确认刀轨、后处理、车间文档等多项对加工操作的处理方法，如图 2-14 所示。另外，加工工件工具条还可以实现工件的显示方式及另存等操作，如图 2-15 所示。

图 2-14　加工操作工具条

图 2-15　加工工件工具条

（4）【导航器】工具条　给出了对已创建的加工操作的四种显示方式：程序顺序视图、机床视图、几何视图及加工方法视图等，如图 2-16 所示。通过【导航器】工具条上的图标，可切换各个视图。

图 2-16　【导航器】工具条

4. 操作导航器及弹出菜单

在图形区窗口右边的资源条上，单击 （操作导航器）按钮即可弹出【操作导航器】。在【操作导航器】中单击鼠标右键会弹出一系列菜单，其中许多菜单的功能与主菜单的选项或各种工具条中的工具功能相同，但弹出菜单更便于用户的操作和使用。2.3 节中会仔细讲述各个弹出菜单的作用。

2.1.2 UG CAM 的鼠标操作

在 UG 操作中，通过合理地使用鼠标上的各个键，可以提高工作效率。将鼠标放在所要操作的对象上，如图 2-17 所示，它会自动显示出操作对象的类型。单击鼠标右键，NX8.0 版本新增了一个过滤器功能，如图 2-18 所示。用鼠标可以完成的操作如下。

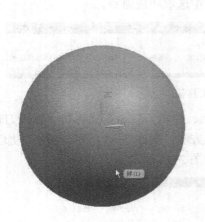

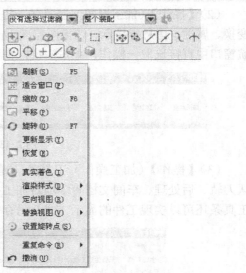

图 2-17　鼠标操作图　　　　　　　　　　图 2-18　右键过滤器功能

（1）旋转模型　在某位置上按下鼠标中键，然后拖动鼠标，即可使模型绕此位置旋转，如图 2-19 所示。

（2）平移模型　按下鼠标中键和右键，然后拖动鼠标，即可对当前窗口中的模型进行平移；也可以按下 Shift 键的同时按下鼠标中键，然后拖动鼠标，如图 2-20 所示。

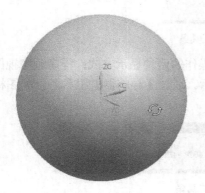

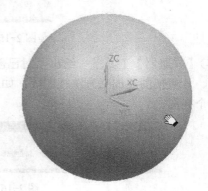

图 2-19　旋转模型　　　　　　　　　　　图 2-20　平移模型

（3）缩放模型　按下鼠标左键和中键，然后拖动鼠标，即可对当前窗口中的模型进行缩放；也可以按下 Ctrl 键的同时按下鼠标中键，然后拖动鼠标，如图 2-21 所示。

（4）恢复正交视图或默认视图 在图形区域空白处单击鼠标右键，在弹出的【定向视图】菜单中选择合适的视图即可，如图 2-22 所示。

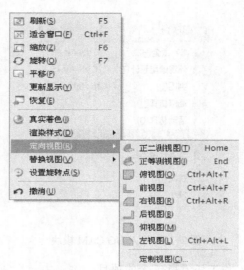

图 2-21 缩放模型   图 2-22 【定向视图】菜单

2.2 UG NX 8.0 的加工环境设置

1. 加工环境（Machining Environment）的概念

每次进入 UG 的制造模块进行编程工作时，UG CAM 软件将自动分配一个操作设置环境，称为 UG 的加工环境。从前面的学习可以知道数控铣、数控车、数控电火花线切割都可以利用 UG CAM 进行编程，而且仅仅 UG CAM 的数控铣就可以实现平面铣、型腔铣、固定轴轮廓铣等不同类型的加工形式。

操作人员可以根据需要对 UG 的加工环境自行定制和选择，因为在实际工作中，每个编程人员所从事的工作往往比较单一，很少用到 UG CAM 的所有功能。通过定制加工环境，使得每个用户拥有不同的个性化的编程软件环境，从而提高工作效率。

2. 进入 UG 的加工环境

1）首先启动 UG NX 8.0，打开一个不包含 CAM 数据的部件文件，即没有进行过加工操作的.prt 文件。

2）单击 开始 右侧的下拉按钮，如图 2-23 所示；在弹出的下拉菜单中选择【加工（N）】按钮，或使用快捷键 Ctrl+Alt+M 进入 UG 的制造模块。

当一个部件文件首次进入制造模块时，系统会弹出【加工环境】导航栏，如图 2-24 所示。UG NX 8.0 系统自带的若干个 CAM 环境将出现在【要创建的 CAM 设置】列表框中。

3）在【要创建的 CAM 设置】列表框中列出当前加工环境中的各种操作模板类型，用户可以根据加工需要选择一种操作模板，然后单击【确定】按钮，即可进入相应的加工环境，开始编程工作。

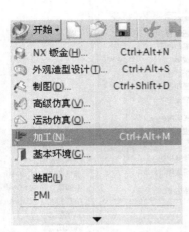

图 2-23 进入 UG CAM 模块

图 2-24 【加工环境】导航栏

3. 加工环境所包含的项目

UG 的加工环境中主要包括以下几个项目：

（1）mill_planar 平面铣，主要进行面铣削和平面铣削，移除平面层中的材料。这种操作最常用于粗加工材料，为精加工操作做准备，也可用于精加工型腔平面、垂直侧面。

（2）mill_contour 轮廓铣，3 轴铣削的主要功能，可切削带锥度壁和曲面的型腔。里面包括型腔铣、Z 级深度加工、固定轴轮廓铣等。可用粗加工、半精加工和精加工。

（3）mill_multi-axis 多轴铣，主要进行可变轴的曲面轮廓铣、顺序铣等。多轴铣是用于精加工由轮廓曲面形成的区域的加工方法，通过精确控制刀轴和投影矢量使刀轨沿着设计意图做复杂轮廓移动。

（4）drill 点钻，可创建钻孔循环、镗孔循环、攻螺纹等操作。

（5）hole_making 自动钻孔。

（6）turning 车削。

（7）wire_edm 线切割。

（8）solid_tool 固体工具。

4. 改变或重新定义加工环境

当一个部件在初次进入时指定了加工环境，并对部件文件做保存之后，则在以后重新打开文件进入加工模块时，系统就自动处于这个环境中。已设置好的加工环境并不是无法修改的，可以根据实际需要，随时变更或重新定义加工环境。

通过以下方法可以改变加工环境，添加某些编程功能：

选择【首选项】→【加工】子菜单，弹出【加工首选项】对话框，如图 2-25 所示。单击【配置】选项卡，在【配置】选项卡的【配置文件】栏内，单击 按钮，弹出【配置文件】对话框，选取一个需要的配置文件，便完成了加工环境的变更。这种方法与首次进入加工环境时的方法效果相同。

如果想重新定义 CAM 的加工环境，重新进行 CAM 进程配置和设置的选择，可以在加工主菜单下选择【工具】→【操作导航器】→【删除设置】子菜单，如图 2-26 所示，这样原先的环境设置被删除，系统会重新出现【加工环境】对话框，重新设定 CAM 进程配置和设置。

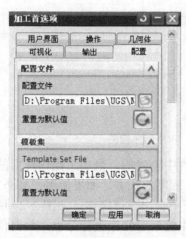

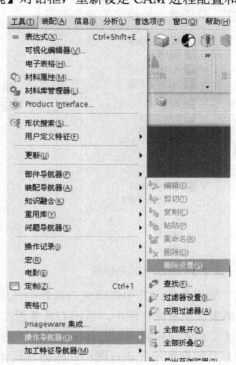

图 2-25　更改 CAM 当前环境　　　　　　　图 2-26　删除 CAM 当前环境

2.3　UG NX 8.0 CAM 的操作导航器

UG CAM 的操作导航器（Operation Navigator，简称 ONT）是一个图形用户界面，用来管理当前 Part 文档的加工操作及刀具路径。通过操作导航器可以让用户指定在操作间共享的参数组，并且使用树形结构图说明组与操作之间的关系。在操作导航器中，参数可以基于操作导航器中的位置关系，在组与组之间和组与操作之间向下传递或继承。用户可以自行决定继承与否，可以对"加工操作"进行复制、剪切、粘贴、删除等操作。最顶层的组为"父节点"组，父节点以下的称为"子节点"组。

2.3.1　操作导航器的内容

1. 操作导航器的显示状态

操作导航器中显示了操作内容及刀具路径等信息，可以通过不同的方式查看这些信息。在操作导航器中单击鼠标右键，在弹出的图 2-27 所示的快捷菜单中有程序顺序视图、机床视图、几何视图、加工方法视图等 4 种查看方式，也可以在工具栏上单击相应的按钮实现视图的切换。各个视图都根据其主题归类操作。

（1）程序顺序视图（Program Order view）　在程序顺序视图中按加工顺序列出了所有操作，如图 2-28 所示。此顺序用于输出到后处理或 CLSF，因此，操作的顺序相互关联十分重要。用户可以根据自己的设计意图进行程序分组，还可以更改、检查操作顺序。如果需要更改操作的顺序，只需要拖放相应的操作即可。

图 2-27　选择不同的视图

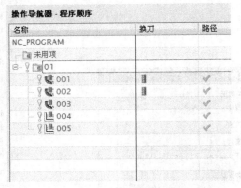

图 2-28　程序顺序视图

（2）机床视图　其中包含从刀具库中调用的或在部件中创建的，供加工操作使用的刀具的完整列表。在机床视图中，显示刀具是否实际用于 NC 程序的状态。如果使用了某个刀具，则使用该刀具的操作将在该刀具下列出；否则，该刀具下不会出现该操作，如图 2-29 所示。

（3）几何视图　在该视图中，根据几何体组对部件中的所有操作进行分组，从而使得用户很容易地找到所需的几何信息，如加工工件、毛坯、加工坐标系等，并根据需要进行编辑，如图 2-30 所示。

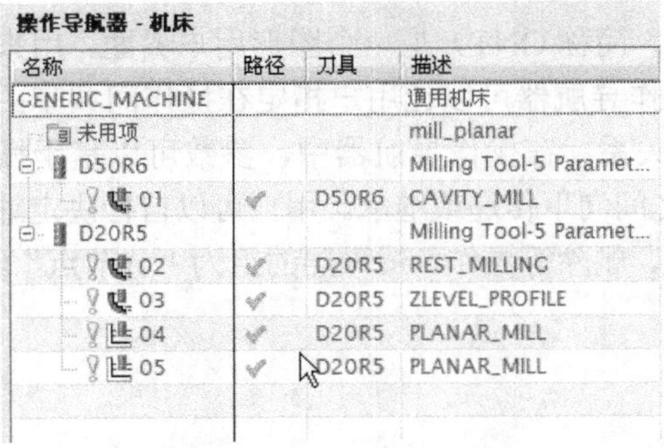

图 2-29　机床视图

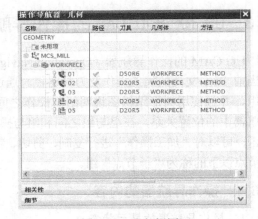

图 2-30　几何视图

（4）加工方法视图　在该视图中，根据其加工方法对设置中的所有操作进行分组，如铣、钻、车、粗加工、半精加工、精加工。该视图中一般还包括进给速度和进给率、刀轨显示颜色、加工余量、尺寸公差、刀具显示状态等，如图 2-31 所示。

26

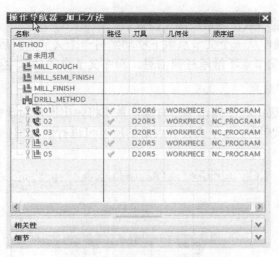

图 2-31　加工方法视图

（5）全部展开　显示父节点组下的所有操作。

（6）全部折叠　折叠父节点组下的所有操作，在操作导航器内仅显示父节点。

（7）列　选择该菜单项后，将弹出图 2-32 所示的级联菜单。该级联菜单用来控制操作导航器内的显示内容。级联菜单中子菜单处于勾选状态，则在操作导航器内将显示该列内容。

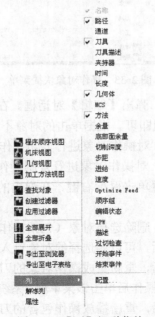

图 2-32　【列】级联菜单

在操作导航器的各个视图中可以以不同的方式显示操作的信息，读者在学习的过程中需要理解下面两个方面的内容：

1）刀具、加工几何体、方法等父节点的信息能够向下传递到使用它们的操作中。刀具、加工几何体和方法等在父节点中的任何改变都会使操作随之改变，但如果在操作中改变以上信息，将根据操作中设置的参数作为最终加工参数。

2）程序父节点把操作从一个父节点组下移动到另一个父节点组后，不改变该操作的默认设置，操作从它的程序父节点不继承任何信息，程序父节点的功能主要是管理操作顺序。

2. 编辑 CAM 操作对象

在操作导航器中，选中程序操作单击右键，系统将弹出操作对象快捷菜单，如图 2-33 所示。该快捷菜单包含对该程序操作或父节点组的所有可进行的处理。该菜单的基本功能介绍如下：

图 2-33　操作对象快捷菜单

（1）编辑　选择该菜单项后，弹出【编辑】对话框。在【编辑】对话框中可以编辑各种参数，修改完毕单击【确定】按钮即可。根据单击的对象不同，弹出的对话框也不尽相同。

（2）剪切　选择该菜单项后，对操作对象进行剪切操作。

（3）复制　选择该菜单项后，对操作对象进行复制操作，为粘贴该对象做准备。如果要粘贴该操作对象，在要粘贴的位置单击鼠标右键，在弹出的快捷菜单中单击【粘贴】子菜单即可。

（4）删除　选择该菜单项后，删除选择对象（包括操作和父节点组）。

（5）重命名　选择该菜单项后，可以为选择的对象输入一个新的名字。

（6）生成　选择该子菜单项后，重新生成操作对象的刀位轨迹。

（7）平行生成　选择多个加工操作后单击该菜单项，系统会同时计算并生成多个刀位轨迹。

（8）重播　选择该子菜单项后，重新播放操作包含的刀位轨迹。

（9）后处理　选择该子菜单后，刀位轨迹将转换为机床可以读的 G 代码。

（10）插入　选择该子菜单项后，弹出图 2-34 所示的级联菜单。通过该级联菜单，可以在该操作或父节点组下创建操作、程序组、刀具、几何体组、方法（加工方法节点组）等。

（11）对象　选择该子菜单项后，弹出图 2-35 所示的级联菜单。通过该级联菜单，可以对单击对象进行变换、显示、设置该操作为模板等处理。

28

图 2-34　【插入】级联菜单　　　　　　　图 2-35　【对象】级联菜单

（12）刀轨　选择该子菜单项后，弹出图 2-36 所示的级联菜单。通过该级联菜单，可以对单击对象进行编辑、删除、可视化仿真、机床仿真、过切检查等操作。

（13）工件　选择该子菜单项后，弹出图 2-37 所示的级联菜单。通过该级联菜单，可以设置需要的工件显示状态。

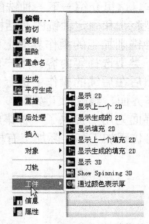

图 2-36　【刀轨】级联菜单　　　　　　　图 2-37　【工件】级联菜单

29

2.3.2　加工操作的状态标记

UG CAM 的加工操作中，为显示每个当前操作的不同状态信息，操作导航器给予了不同的图样标记。加工操作状态有 3 种图样标记，路径状态有两种图样标记，分别为如图 2-38 所示。

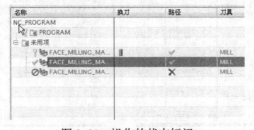

图 2-38　操作的状态标记

1. 加工状态 3 种图样标记

（1）♀（未后处理） 表示该操作包含各种加工信息，并且已经生成刀具路径，但未进行后置处理。

（2）√（完成） 表示此操作已产生了刀具路径并且已经后处理（UG/ PostProcess）或输出了 CLS 文档格式（Output CLSF）。

（3）◎¹（错误） 表示此操作从未产生刀具路径，或此操作虽有刀具路径但被编辑后没有作相应更新，因此需重新产生刀具路径以更新此状态。

2. 刀具路径两种图样标记

1）√（完成） 表示此操作已产生了刀具路径。

2）✕（错误） 表示此操作未产生刀具路径。

2.4 UG NX 8.0 CAM 的加工操作界面

2.4.1 UG CAM 的铣加工操作界面

通过 UG CAM 来进行加工操作，绝大部分情况是进行铣削操作，而且铣削加工根据加工的内容、机床的特点等分为很多种类，因此熟悉了铣削加工的操作，可以很容易地熟悉其他加工类型的操作。这里介绍一下各种铣削加工的操作界面，为进一步熟悉铣削操作做准备。

平面铣、型腔铣和固定轴铣的对话框界面如图 2-39～图 2-41 所示。

从上面三种铣削加工的操作界面上可以看到，不同的加工方式都包含加工名称、加工参数设置、加工子类型选择等内容。用户可以在操作界面下根据实际加工的参数填写相应的仿真加工参数，然后在后续的操作中进行仿真加工。如果对仿真加工的效果不满意，还可以重新返回到该操作界面，修改加工参数。

加工操作界面为用户提供了一种集成的模块化操作方式，该方式与实际工厂加工中的工序对应，从而将仿真加工和实际加工有机地联系起来。

图 2-39 平面铣操作界面

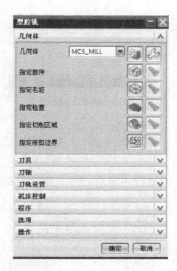

图 2-40　型腔铣操作界面

图 2-41　固定轴铣操作界面

2.4.2　UG CAM 的点位加工操作界面

在 UG 8.0 CAM 的钻削点位加工模块中，为用户提供了简洁高效的多种加工方法，包括钻孔、镗孔、铰孔、沉孔、扩孔、螺纹铣等。平面铣、钻孔和螺纹铣的对话框界面如图 2-42、图 2-43 所示。

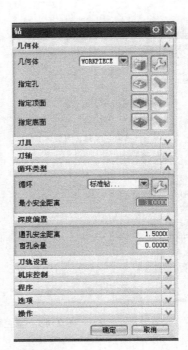

图 2-42 钻孔操作界面

图 2-43 螺纹铣操作界面

2.4.3 UG CAM 的车削加工操作界面

车削加工模块是 UG 8.0 CAM 的重要加工手段，为用户提供了内容丰富、操作简洁、条理清晰的多种加工方法，包括粗车、精车、镗孔、中心孔、螺纹加工等。在车削加工中，同样使用操作导航器来管理操作。粗车和精车的对话框界面如图 2-44、图 2-45 所示。

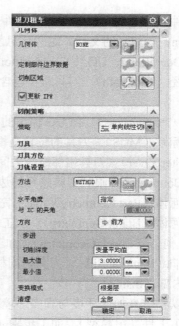

图 2-44　粗车操作界面

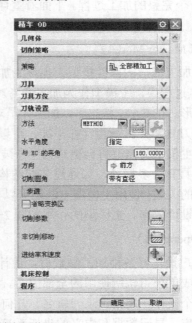

图 2-45　精车操作界面

2.5　UG NX 8.0 CAM 的功能术语

在 UG CAM 模块的操作过程中，有许多专门的术语来定义操作方法。了解这些术语的含义，可以提高操作速度。常用的术语如下：

33

（1）样板文件（Template File） 样板文件是包含了诸如工具（Tools）、方法（Methods）和操作（Operation）等信息的文件。这些信息能被其他的 Part 格式文件取用。

（2）操作（Operation） UG 中的 Operation 包含了产生刀具路径所需的全部信息。

（3）刀具路径（Tool Path） 刀具路径包含了刀具位置、进给速度、转速、显示信息和后处理命令等信息。

（4）后处理（Postprocess） 把 UG 输出的刀具路径文件转换成机床可用的标准格式。

（5）加工坐标系（MCS） 刀具的位置是根据加工坐标系来输出的。

（6）步距（Step Over） 刀具相邻路径之间的距离。

（7）边界（Boundary） 限制刀具路径的边界。

（8）零件几何体（Part Geometry） 加工完成后要保留下来的材料。

（9）毛坯几何体（Blank Geometry） 加工中要切削的材料。

（10）检查几何体（Check Geometry） 加工中刀具要避开的材料或特征。

（11）材料方向（Material Side） 刀具切削材料的反方向，如需切削几何的外部（Outside），材料方向应选为内部（Inside）。

加工术语可以将仿真加工环境与真实环境联系起来，其描述的内容构成了加工过程的主要要素，包括加工工件（主模型）、加工步骤（操作）、加工程序（刀位源文件、后处理文件等），从而形成一个完整的加工过程。下面着重详细介绍一下 UG 8.0 CAM 加工操作当中常用的几个术语：

1. 主模型（Master Model）

主模型即要加工成形的部件模型，也称为加工工件，它是用户在 CAD 模块创建的。在 UG CAM 的加工过程中，主模型作为加工参考对象，当所有的加工操作完成后，毛坯料即转换成主模型的外形。在 CAM 状态下，加工人员对主模型仅有读取权，没有修改权。在加工过程中，为了观察刀具和夹具是否存在干涉，可以将要加工的主模型调入加工装配件，作为加工过程的参考。主模型的修改将会更新到整个装配件。

使用主模型具有许多好处，如通过装配结构将三维设计模型与加工数据分开，但仍然可以保持模型数据的关联；使用主模型方法还可以在 UG NX7.5 的不同模块中实行并行工程，减少数据量并提高设计效率。主模型的作用如图 2-46 所示。

2. 操作（Operation）

操作是指用户设定好各种加工参数后，让计算机（或数控机床）独立完成的加工动作过程，它包含了生成单个刀轨所使用的全部信息。在 UG CAM 环境中，一个程序或一段加工程序均可以称为一个操作，用来记录刀轨名、几何数据（例如永久边界、曲面、点等）、永久刀具、后处理命令集、显示数据和定义的坐标系等信息。

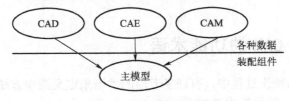

图 2-46 主模型的作用

UG NX 8.0 的 CAM 操作可分为平面铣、轮廓铣、多轴铣、钻孔、车削、线切割等几种类型，每一种类型又可以分为几种更为详细的子操作，在后面的实例中将详细介绍。

对于生成和接受的每个操作，系统会保存在当前部件中生成刀轨所能使用的信息。读者可以在编辑某个操作时使用此信息，也可以在定义新的操作时将其作为默认值。

3．处理中的工件（IPW）

由于绝大部分的部件需要通过多次的加工操作才能完成，每两次加工操作之间部件的状态是不一样的。在 UG CAM 中，定义每个加工操作后所剩余的材料为处理中的工件（In-Process Work Piece，简称 IPW），如图 2-47 所示。

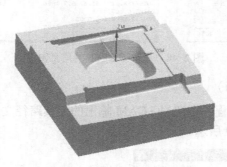

图 2-47　IPW 模型

IPW 是 UG CAM 铣削加工编程所特有的。在加工过程中，为了提高型腔铣削过程中的加工效率，加工编程人员必须合理地分配各个工步的加工参数，这就需要随时了解每个工步完成后毛坯料所处的状态，通过处理中的工件功能即可方便地达到这一目的。由此可见，中间过程为编程人员的编程提供了许多方便，同时也提高了实际的加工效率，避免了加工过程中的空走刀现象。需要注意的是，在下一个工步中使用 IPW 之前，上一个工步必须已经成功地生成了刀具轨迹。

4．边界（Boundary）

边界用来定义约束切削移动的区域，这些区域既可以由包含刀具的单个边界定义，也可以由包含和排除刀具的多个边界的组合定义。边界的行为、用途和可用性随使用它们的加工模块的不同而有所差别，但也有一些共同的特性。

边界可以分为永久边界和临时边界两种。永久边界是被创建在多个操作之间共享的边界；临时边界在加工模块内创建，它们显示为临时实体。刷新屏幕将使临时边界从屏幕上消失，此时可以使用边界"显示"选项将临时边界重新显示出来。

与永久边界相比，临时边界具有许多优点，如可以通过曲线、边、现有永久边界、平面和点创建临时边界；临时边界与父几何体相关联，可以进行编辑，并且可以定制其内公差/外公差值、余量和切削进给率；此外，还可以用临时边界方便地创建永久边界。

5．刀位源文件（CLSF）

刀位源文件（Cutter Location Source File，简称 CLSF）记录了加工类型、刀具参数、坐标系、加工坐标系、加工坐标值、刀轨颜色等信息。它是一个文本文件，包含可以通过 GRIP 访问的刀具运动 GOTO 和显示命令，该文件在后处理过程中生成 CL 文件时成为输入文件，如图 2-48 所示。

35

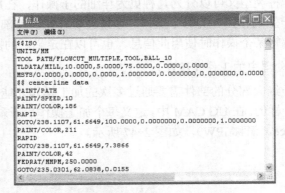

图 2-48　记录了 CLSF 的信息窗口

6. 后处理（Postprocess）

后处理是指一个转换过程，它把 UG CAM 输出的刀具路径文件转换成机床可用的标准格式的可执行代码，如图 2-49 所示。

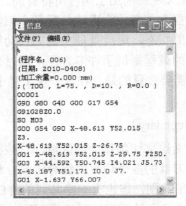

图 2-49　后处理信息窗口

2.6　UG NX 8.0 的坐标系

在 UG CAM 的加工过程中，经常涉及的坐标系有五种：绝对坐标系、工作坐标系、加工坐标系、参考坐标系和已存坐标系。

（1）绝对坐标系（ACS）　绝对坐标系在绘图区或加工空间内是固定不变的，不能移动也不可见。该坐标系在大型装配过程中用来寻找部件间的相互关系非常方便。

（2）工作坐标系（WCS）　工作坐标系（图 2-50）在建模或加工过程中应用非常广泛，该坐标系在空间是可以移动的。在图形区显示时，在每根坐标轴上用 C 做标志。需要注意的是：在加工过程中，当刀具轴不是 ZC 轴时，I、J、K 的值是相对于工作坐标系确定的。

（3）加工坐标系（MCS）　加工坐标系（图 2-51）也是可以移动的，在部件加工过程中非常重要。经后处理后的程序坐标值是相对于加工坐标系的原点位置确定的。在图形区显示时，在每根坐标轴上用 M 做标志，与工作坐标系相比，各坐标轴较长。

（4）参考坐标系（RCS）　参考坐标系是一个限制性的坐标系，一般用来做参照，默认位置在绝对坐标系。

（5）已存坐标系（SCS）　已存坐标系用来标志空间位置，一般只用来做参考。

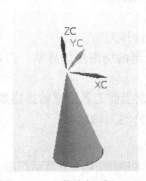

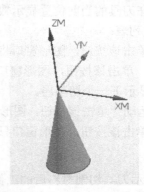

图 2-50　工作坐标系（WCS）　　　　图 2-51　加工坐标系（MCS）

2.7　刀轨可视化仿真与机床仿真

为了检验刀具轨迹在加工过程中是否过切、欠切或发生碰撞等情况，UG CAM 提供了两种仿真校验方法，一种是刀轨可视化仿真，另一种是机床仿真。

2.7.1　刀轨可视化仿真

刀轨可视化仿真提供了多种刀轨图形化显示的方法，为及时发现过切等问题提供了可视化工具，其操作方法如下：

1）在操作导航器内选择要进行可视化仿真的一个或多个操作。

2）在加工操作工具条中单击 校验刀轨 按钮，系统弹出【刀轨可视化】对话框，如图 2-52 所示。

3）选择一个仿真显示方式，单击 ▶（播放）按钮，开始对刀具路径进行可视化切削仿真。

在【刀轨可视化】对话框中提供了四种仿真显示模式。

1. 重播

刀具路径重播是仿真刀具沿刀具路径显示切削线路的过程。通过调节动画速度、单步执行等按钮可以显示刀具路径的播放方

图 2-52　【刀轨可视化】对话框

37

法和速度。

下面对【重播】选项按钮的各选项参数进行说明：

【刀具】下拉列表：用于指定刀具的显示方式。其中有开、点、刀轴、实体、装配五个选项。

（1）开　在刀具的当前位置显示其线框表示。

（2）点　在刀具的当前位置显示一点作为刀具端点。

（3）刀轴　在刀具的端点当前位置显示一条直线。

（4）实体　在刀具和刀柄的当前位置显示刀具实体。

（5）装配　在刀具的当前位置显示数据库加载的 NX 部件。

【显示】下拉列表：

（1）全部　单击该按钮，图形窗口将显示所有的操作刀轨。

（2）当前层　单击该按钮，图形窗口将显示属于当前切削层的导轨。刀具移动至该切削层路径末端时则显示下一个切削层。

（3）下 n 个运动　单击该按钮，图形窗口将显示仅当前刀具位置前指定数目的刀轨运动。

（4）过切　单击该按钮，图形窗口只显示过切部分的刀轨运动。

2. 2D 动态

2D 动态是显示刀具切削材料后的工件，即只显示切削结果，不显示切削过程。在播放前也会要求用户指定毛坯，如图 2-53 所示。【2D 动态】参数设定说明如下：

图 2-53　【2D 动态】对话框

（1）显示　该按钮仅在刀具路径播出后使用。单击该按钮，图形窗口显示加工后的产品形状，可以用不同的颜色来区分切削和切削后的区域。

（2）比较　用设计产品来比较切削部件，帮助用户查看刀具位置有无过切现象，部件余量也可显示。

（3）创建　可创建一个放置在工作部件上的小平面实体，且可在线框模式或渲染模式中显示。

（4）删除　用于删除显示的 IPW 小平面实体。只有当前显示 IPW 的小平面实体时才能单击该按钮。

（5）重置　重新初始化播放设置，只有在单击【重置】后才能重新运行动态材料移除。

（6）抑制动画　用于查看可视化过程的最终结果，无需等待动画播放完毕。

3．3D 动态

3D 动态是显示刀具沿刀具路径移动的同时切削材料的过程。在播放前会要求用户指定毛坯。这种模式允许在操作窗口中进行缩放、旋转、平移等操作。

【3D 动态】对话框如图 2-54 所示。参数设置可参照 2D 动态来进行设置。

图 2-54　【3D 动态】对话框

4．过切检查

过切检查用来检查生成的刀位轨迹是否存在刀具、夹具与工件发生过切的现象。在【刀轨可视化】对话框中单击 检查选项 按钮，此时系统弹出【过切检查】对话框，如图 2-55 所示。

图 2-55　【过切检查】对话框

在【过切检查】对话框中设定要进行过切检查的内容，然后单击 确定 按钮，系统完成过切检查后，将弹出【信息】对话框。该对话框中将显示存在的过切信息。

2.7.2　机床仿真

机床仿真与刀轨可视化仿真的功能一样，可以用来检查刀具路径是否发生过切和欠切等情况。但相比之下，机床仿真又具有以下几个优点：

1）更加直观、真实地再现加工的具体过程，可以对每个加工环节进行检查和考核。

2）更能真实地反映实际加工过程,包括机床与控制器的工作情况,预览各种加工效果(如各种控制器指令、子程序以及循环等)等。

3)可以方便地了解机床组件、夹具、刀具以及工件之间的干涉情况,从而避免机床、夹具、刀具和工件发生碰撞的风险。

4)可以取消昂贵的 NC 程序验证和机床空运行时间,节省加工成本。

但是机床仿真使用较为麻烦,如在进行机床仿真前需要先选择机床,设置连接点等。当计算机的配置比较高时,仿真效果才比较明显。

对于一般部件或模具的加工,使用刀轨可视化仿真就足够了。正是鉴于此,这里对机床仿真不作过多的介绍。

2.8　后置处理

2.8.1　车间文档

车间文档是用来指导加工生产的指导性文件,一般包括刀具和材料信息、控制几何体、加工参数、后处理命令、刀具参数、刀轨信息等内容。

在 UG CAM 的工具栏中,单击加工操作工具条中的 ▆ (车间文档)命令来生成车间工艺文档。UG CAM 输出车间工艺文档有 TEXT 和 HTML 两种格式。

操作方法:在加工操作工具条中单击 ▆ 按钮,系统弹出【车间文档】对话框,如图 2-56所示。

在【报告格式】列表框中,读者可以结合本单位实际情况,选择合适的格式,设定要保存的路径和文件名后,单击 确定 按钮完成车间文档的生成。文档信息如图 2-57 所示。

图 2-56　【车间文档】对话框

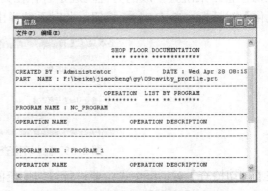

图 2-57　车间文档【信息】对话框

2.8.2　后处理

由于数控机床的控制系统只能识别 NC 代码内容,故刀具轨迹生成无误后,需要把刀位轨迹转换为 NC 代码。把刀位轨迹转换为 NC 代码的过程,一般称为后处理。

读者可以在 UG CAM 工具栏的加工操作工具条中单击 ▆ 按钮,此时系统弹出【后处理】

对话框，如图 2-58 所示。

图 2-58　【后处理】对话框

在【后处理器】列表框中，可以选择与加工机床匹配的后处理器，并设定输出单位。如果【后处理器】列表框中没有所需要的后处理，可以单击 🗁（浏览）按钮来选择适合的后处理文件。

在设定好保存的路径和文件名后，单击 确定 按钮，即可生成 NC 加工代码，如图 2-59 所示。

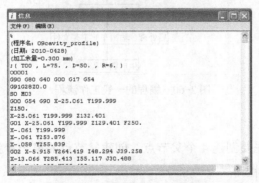

图 2-59　后处理【信息】对话框

2.9　UG NX 8.0 CAM 的加工流程

在实际工作中，一个零件的加工完成是通过创建一系列按次序排列的操作程序来实现的。数控编程可以分为准备工作、技术方案、数控编程、程序定形四个阶段。完成一个程序的生成需要经过以下几个步骤：

1）分析和检验 CAD 模型，规划工艺路线。

2）创建程序、刀具、加工几何体及加工方法节点组。

3）创建操作。

4）指定操作参数。

5）生成刀具轨迹。

6）验证刀轨。

7）程序后处理及输出车间工艺文件。

该过程可用图 2-60 所示的流程图来表达，以便读者初步了解和体会 UG 生成数控程序的一般步骤及方法。

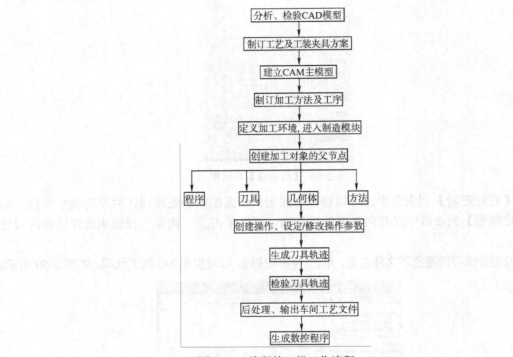

图 2-60 编程的一般工作流程

2.9.1 创建程序

UG CAM 加工中首先要创建 4 个父节点，创建父节点的第一步就是创建程序。

1.【创建程序】对话框

在主界面工具条显示器找到【刀片】（加工创建）工具条（图 2-61），单击 【创建程序】按钮，弹出【创建程序】对话框，如图 2-62 所示。

（1）类型 用于指定操作类型，单击【类型】选项下拉框，将自动弹出图 2-63 所示的对话框，用户可以自行选择所需要的操作类型。

（2）程序子类型 在【创建程序】中，只有一个【程序子类型】可选。

（3）位置 用于指定新创建的程序所在的节点，单击右边的下拉框，将弹出 3 个选项，分别为 NC_PROGRAM、NONE、PROGRAM。新建的程序将在以上选中的某个节点下，其中 NONE 解释为"不使用"，用于容纳暂时不用的操作，此节点是系统锁定项，不能更改。

（4）名称 系统自动产生一个名字作为新创建的程序名，也可以自定义直接输入任意名字。

以上 4 个操作设定完成以后，单击【确定】按钮，创建一个程序。如果编程员在操作中有漏洞，也可以单击【取消】按钮，取消本次操作。

图 2-61 【刀片】（加工创建）工具条　　图 2-62 【创建程序】对话框

2. 程序之间的继承关系

在操作【工序导航器—程序顺序】对话框（图 2-64）中，有【相依性】一栏，列出了程序组的层次关系，程序组在操作【工序导航器】中构成一种"父子"结构关系。在相对位置中，高一级的程序组为父组，低一级的程序组为子组，父组的参数可以传递给子组，父组更改过的参数软件将自动传递给子组。二者之间有继承关系，可以减少重复劳动，提高工作效率。

如果改变了程序的位置也就改变了它们原来程序组的父组关系，有可能会导致子组失去原父组继承来的参数。

图 2-63 【创建程序】对话框的【类型】选项　　图 2-64 【相依性】对话框

2.9.2 创建刀具

在插入工具条中单击【创建刀具】按钮，弹出图 2-65 所示的【创建刀具】对话框。在图中除了【库】栏外，其余各栏与【创建程序】对话框里面各栏的操作和功能相同。在【库】栏里可以选择已经定义好的刀具。

1）单击【库】栏下右边的按钮，打开图 2-66 所示的【库类选择】对话框。共分 4 个大类：铣（Milling）、钻（Drilling）、车（Turning）、实体（Solid）。每个大类里面包括许多种类，在【铣】大类里面就包括：端铣（不可转位）、端铣（可转位）、球头铣（不可转位）、倒斜铣（不可转位）、球面铣（不可转位）、面铣削（可转位）、T 型键槽铣（不可转位）、桶状铣、5

参数铣刀、7 参数铣刀、10 参数铣刀、螺纹铣、铣削成型刀具。

图 2-65 【创建刀具】对话框　　　　　图 2-66 【库类选择】对话框

2）选中某一子类，假如选中【面铣削（可转位）】子类，单击【确定】按钮后，将弹出图 2-67 所示的【搜索准则】对话框。图中给出了【搜索参数】选项：（D）直径、（D2）直径 2、（FL）刀刃长度、材料、夹持系统。在全部或部分选项的右边文本框中，输入数值，单击【匹配数】 ❓ 按钮，右边将显示符合条件的刀具数量，单击【确定】按钮，即可弹出图 2-68 所示的【搜索结果】对话框，列出符合条件的刀具的详细信息。

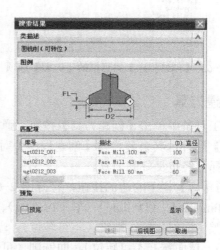

图 2-67 【搜索准则】对话框　　　　　图 2-68 【搜索结果】对话框

3）在【（D）直径】右边的文本框中输入 80，单击【匹配数】 按钮，右边将显示符合条件的刀具数量 2；单击【确定】按钮后弹出【搜索结果】对话框，列出了符合条件的两个刀具的具体信息。

4）选中某个适合的刀具，在【搜索结果】对话框中选中【匹配项】下的 "ugt0212_003" 刀具，单击下面的【显示】 按钮，可以在图形上显示出刀具轮廓，如图 2-69 所示。

5）选定刀具后，返回【创建刀具】对话框，同时在【工序导航器—机床】对话框中列出了创建的刀具，如图 2-70 所示。

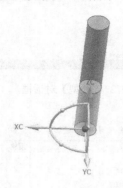

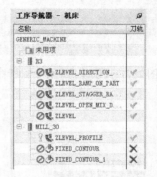

图 2-69　显示刀具轮廓　　　　　　　图 2-70　【工序导航器—机床】对话框

刀具位置可以通过在单击右键出现的快捷菜单中改变操作，快捷菜单与程序顺序视图对话框中的快捷菜单相似，可以对刀具节点进行编辑、切削、复制、粘贴、重命名等操作。由于一个操作只能使用一把刀具，在同一把刀具下，改变操作的位置没有实际意义。但在不同刀具之间改变操作的位置，将改变操作所使用的刀具。例如在【工序导航器—机床】对话框中的 "MILL_30" 刀具下剪切 "ZLEVEL PROFILE" 操作，单击右键在弹出的菜单中单击【内部粘贴】，将其粘贴在 ugt0212-003 刀具节点下，则 ZLEVEL PROFILE 操作使用的刀具发生了变化，由原来的 "MILL_30" 改变为 "ugt0212-003"。

2.9.3　创建几何体

1.【创建几何体】对话框

在插入工具条中单击【创建几何体】按钮，弹出图 2-71 所示的【创建几何体】对话框。

（1）类型　列出了具体的 CAM 类型，如图 2-72 所示。

（2）几何体子类型　包括 WORKPIECE、 MILL_BND、 MILL_TEXTA、 MILL_ GEOM、 MILL_AERA、 MCS 等。

（3）位置　列出了将要创建的几何体所在的节点位置，如图 2-73 所示。

2. 创建几何体

在【创建几何体】对话框的【类型】中选择【mill_planar】类型，在【几何体子类型】中选择 （DRILL_GEOM），在【位置】中选择【WORKPIECE】，在【名称】栏的文本框中输入 DRILLING，单击【确定】按钮建立一个几何体。按照同样的方法建立第二个几何体，在【名称】栏的文本框中输入 COUNTERBORING。两个几何体建立完毕后，打开图 2-74 所示的【工序导航器—几何】对话框。对话框各节点的作用说明如下：

图 2-71 【创建几何体】对话框

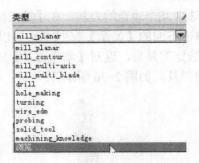

图 2-72 【类型】对话框

图 2-73 【位置】对话框

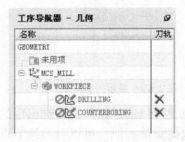

图 2-74 【工序导航器—几何】对话框

（1）GEOMETRY 该节点是系统的根节点，不能进行编辑、删除等操作。

（2）未用项 该节点也是系统给定的节点，用于容纳暂时不用的几何体，不能进行编辑、删除等操作。

（3）MCS_MILL 该节点是一个几何节点，选中此节点，单击右键弹出快捷菜单，可以进行编辑、切削、复制、粘贴、重命名等操作。WORKPIECE 是工件节点，用来指定加工工件。DRILLING 和 COUNTERBORING 两工件节点是刚刚创建的几何体节点，单击 WORKPIECE 下的子节点，构成父子关系。WORKPIECE 是 MCS_MILL 的子节点，构成父子关系。DRILLING 和 COUNTERBORING 作为最底层的节点，将继承 MCS_MILL 加工坐标系和 WORKPIECE 中定义的零件几何体和毛坯几何体的参数。几何体节点可以定义成操作导航器中的共享数据，也可以在特定的操作中个别定义，只要使用了共享数据几何体，就不能在操作中个别定义几何体。

可以通过单击右键在弹出的快捷菜单中对几何体节点进行编辑、切削、复制、粘贴、重命名等操作。如果改变了几何体节点的位置，使"父子"关系改变，会导致几何体失去从父组几何体继承过来的参数，使加工参数发生改变；同时，其下面的子组也可能失去从几何体继承的参数，造成子组及其以下几何体和操作的参数发生改变。

2.9.4 创建方法

加工方法是为了自动计算切削给进率和主轴转速时才需要制订的，加工方法并不是生成刀具轨迹的必要参数。

1. 【创建方法】对话框

在插入工具条中单击【创建方法】按钮，弹出图 2-75 所示的【创建方法】对话框。该选项和【创建几何体】对话框的选项基本相同，区别在于【位置】选项，也就是指创建方法所在的位置不同，不同的类型提供容纳方法位置的数目不同。例如对于 mill_planar 类型，提供了 4 个位置，如图 2-76 所示；对于 drill 类型，提供了 3 个位置，如图 2-77 所示。

图 2-75 【创建方法】对话框

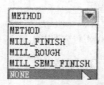

图 2-76　mill_planar 类型提供的位置

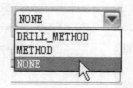

图 2-77　drill 类型提供的位置

2. 创建方法实例

在【类型】中选择【mill_planar】，在【位置】的【方法】中选择【METHOD】，利用默认的名称，在【创建方法】对话框中单击【确定】按钮，弹出图 2-78 所示的【铣削方法】对话框。该对话框中由 4 部分组成：

（1）余量　主要指部件余量，在【部件余量】右侧的文本框中输入数值，即可指定本加工节点的加工余量。

（2）公差　包括内公差和外公差两项，使用【内公差】可指定刀具穿透曲面的最大量，使用【外公差】可指定刀具能避免接触曲面的最大量。在【内公差】和【外公差】右侧的文本框内输入数值，为本加工节点指定内、外公差。

（3）刀轨设置　包括切削方法：END MILLING 和进给两个选项。

1）切削方法：END MILLING　单击【切削方法：END MILLING】右边的按钮，弹出图 2-79 所示的【搜索结果】对话框，列出了可以选择的切削方式。选定【END MILLING】，单击【确定】按钮，返回【铣削方法】对话框。

2）进给：单击【进给】右边的按钮，弹出图 2-80 所示的【进给】对话框，用于设置各运动形式的进给率参数，由切削、更多和单位组成。【切削】用于设置正常切削时的进给速度，【更多】给出了刀具的其他运动形式的参数，【单位】用于设置切削和非切削运动的单位，采用系统默认值。单击【确定】按钮，返回【铣削方法】对话框。

（4）选项

1）颜色：单击【颜色】右边的按钮，打开图 2-81 所示的【刀轨显示颜色】对话框，用于设置不同刀轨的显示颜色。单击每种刀轨右边的颜色按钮，将弹出【颜色】对话框，进行颜色的选择和设置。

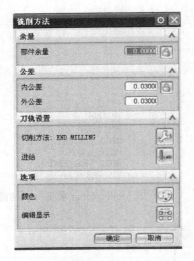

图 2-78 【铣削方法】对话框

图 2-79 【搜索结果】对话框

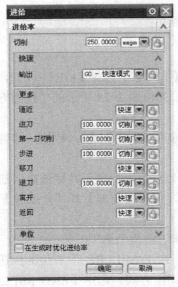

图 2-80 【进给】对话框

图 2-81 【刀轨显示颜色】对话框

2）编辑显示：单击【编辑显示】右边的按钮，打开图 2-82 所示的【显示选项】对话框，可以进行刀具和刀轨的设置。

以上各项设置完毕后，在【铣削方法】对话框中单击【确定】按钮，建立新的加工方法。同时在【工序导航器—加工方法】中列出了创建的加工方法，如图 2-83 所示。各节点的说明见表 2-2 所示。

图 2-82　【显示选项】对话框　　　　图 2-83　【工序导航器—加工方法】对话框

表 2-2　加工节点

METHOD	系统给定的根节点，不能改变
未用项	系统给定的节点，不能删除，用于容纳暂时不用的加工方法
MILL_ROUGH	系统提供的粗铣加工方法节点，可以进行编辑、切削、复制、删除等操作
MILL_SEMI_FINISH	系统提供的半精铣加工方法节点，可以进行编辑、切削、复制、删除等操作
MILL_FINISH	系统提供的精铣加工方法节点，可以进行编辑、切削、复制、删除等操作
DRILL_METHOD	系统提供的钻孔加工方法节点，可以进行编辑、切削、复制、删除等操作
MILL_METHOD	是刚刚创建的加工方法，可以看到其在【METHOD】根节点下

同样，加工方法节点之上可以有父节点，之下有子节点。加工方法继承其父节点加工方法的参数，同时也可以把参数传递给它的子节点加工方法。在【DRILL_METHOD】下面有两个操作，分别为【PLANAR_TEXT】和【THREAD_MILLING】两个操作，这两个操作是【DRILL_METHOD】的子节点。【METHOD】是【DRILL_METHOD】的父节点。

加工方法的位置可以通过单击鼠标右键弹出快捷菜单进行编辑、切削、复制、粘贴、重命名等操作。但改变加工方法的位置，也就改变了它的加工方法的参数，当系统执行自动计算时，切削进给量和主轴转速会发生相应的变化。

3. 运动形式参数说明

【进给】对话框中给出了要进行进给率设置的各运动形式，在进行加工过程中，包含多种运动形式，可以分别设置不同的进给率，以提高加工效率和加工表面质量。完整的刀路运动轨迹如图 2-84 所示。各运动形式的含义如下：

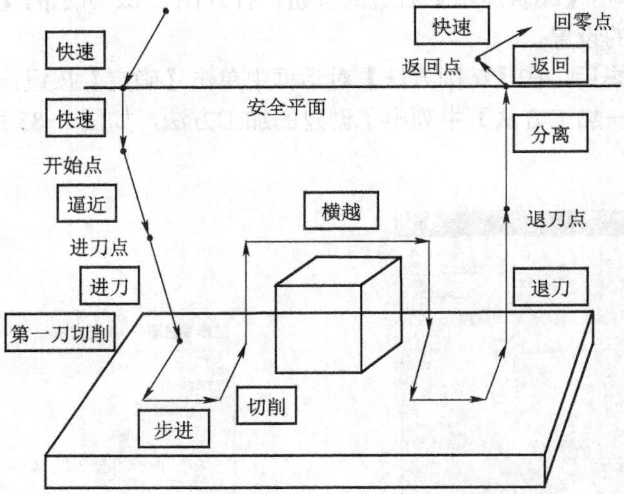

图 2-84　完整的刀路运动轨迹

（1）快速（Rapid）　非切削运动，仅应用到刀具路径中下一个 GOTO 点到 CLSF，其后的运动使用前面定义的进给率。如果设置为 0，则由数控系统设定的机床快速运动速度决定。

（2）逼近（Approach）　指刀具从开始点运动到进刀位置之间的进给率。在平面铣和型腔铣中，逼近进给率用于控制从一个层到下一个层的进给。如果为 0，系统使用快速进给率。

（3）进刀（Engage）　非切削运动，指刀具从进刀点运动到初始切削位置的进给率，同时也是刀具在抬起后返回到工件时的返回进给率。如果为 0，系统使用切削进给率。

（4）第一刀切削（First Cut）　切削运动，指切入工件第一刀的进给率，后面的切削将以切削进给率进行。如果为 0，系统使用切削进给率。由于毛坯表面通常有一定的硬皮，一般取进刀速度小的进给率。

（5）步进（Step Over）　切削运动，刀具运动到下一个平行刀路时的进给率。如果从工件表面提刀，不使用步进进给率，它仅应用于允许往复（Zig-zag）刀轨的地方。如果为 0，系统使用切削进给率。

（6）切削（Cut）　切削运动，刀具跟表面接触时刀具的运动进给率。

（7）横越（Traversal）　非切削运动，指刀具快速水平非切削的进给率。只在非切削面的垂直安全距离和远离任何型腔岛屿及壁的水平安全距离时使用。在刀具转移过程中保护工件，也无需抬刀至安全平面。如果为 0，系统使用快速进给率。

（8）退刀（Retract）　非切削运动，刀具从切削位置最后的刀具路径到退刀点的刀具运动进给率。如果为 0，对线性退刀，系统使用快速进给率。

（9）返回（Return）　非切削运动，刀具移动到返回点的进给率。如果为 0，系统使用快速进给率。

进给单位包括非切削单位（用于设置非切削运动单位）和切削单位（用于设置切削运动单位）两个选项，两者的设置方法相同。对于米制单位可以选择 mmpm、mmpr、none。对于寸制单位可以选择 IPM、IPR、none。

2.9.5　创建工序

在插入工具条中单击【创建工序】按钮，弹出图 2-85 所示的【创建工序】对话框。

图 2-85　【创建工序】对话框

（1）类型　列出了具体的 CAM 类型，可根据加工要求选择具体的子类型。

（2）工序子类型　不同的类型有不同的操作子类型，在此选项下将显示不同的按钮，可根据加工要求选择子类型。

（3）位置　给出了将要创建的操作在程序、刀具、几何体、方法中的位置。

1）程序：指定将要创建的操作的程序父组。单击右边的下拉箭头，将显示可以选择的程序父组。选定合适的程序父组，操作将继承该程序父组的参数。默认程序父组的名称为【NC_PROGRAM】。

2）刀具：指定将要创建的操作的加工刀具。单击右边的下拉箭头，将显示可供选择的刀具父组。选定合适的使用刀具，所创建的操作将使用该刀具对几何体进行加工。如果之前没有创建刀具，则在下拉列表框中没有可选的刀具，需要在某一加工类型的操作对话框中单独创建。

3）几何体：指定将要创建的操作的几何体。单击右边的下拉箭头，将显示可供选择的几何体。选定合适的几何体，操作将对该几何体进行加工。默认几何体为【MCS】。

4）方法：指定将要创建的操作的加工方法。单击右边的下拉箭头，将显示可供选择的方法。选定合适的加工方法，系统将根据该方法中设置的切削速度、内外公差和部件余量对几何体进行切削加工。默认的加工方法为【METHOD】。

（4）名称　指定操作的名称。系统会为每个操作提供一个默认的名字，如果需要更改，可在文本框中输入一英文名称，即可为操作指定名称。

第3章 UG NX 8.0 CAM 的通用参数设置

内容提要：着重介绍了 UG 8.0 CAM 在铣削加工过程中的通用参数，包括非切削移动的使用和参数设置、切削参数的使用和参数设置、机床控制、切削进给和速度设定等内容。

重点掌握：掌握铣削设置的非切削移动、切削运动、切削进给设定、主轴转速设定等内容。

3.1 UG CAM 非切削移动参数的设置

3.1.1 概述

UG CAM 铣削通用参数指那些由多个处理器共享的，但并不是对所有处理器来说都是必需的。每个处理器本身又有许多特定的选项。需要根据具体的使用环境进行特别的设置。

在 UG CAM 的操作程序生成开始前，需要设置一系列的加工参数，这些加工参数直接控制了程序，UG CAM 非切削移动参数的设置介绍如下。

非切削移动是控制刀具未切削工件材料时进行的各种准备运动，可发生在切削运动前、切削运动之间或者切削运动后。它包含一系列适应于部件几何表面和夹具体的进刀、退刀、分离、跨越、逼近运动以及切削路径之间的刀具运动。控制程序利用各种参数将多段刀轨路径连接成一个完整的刀具路径，如图 3-1 所示。

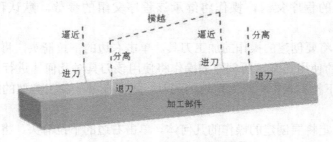

图 3-1 非切削移动的刀具路径

因刀具补偿是在非切削移动中激活的，所以非切削移动也包括刀具补偿。非切削移动可以简单到单个的进刀和退刀，也可以复杂到一系列定制的进刀、退刀及移刀（分离、移刀、逼近）运动，这些运动的设计目的是协调刀路之间的多个部件曲面、检查曲面和提升操作。

要实现精确的刀具控制，所有非切削移动都是沿着刀具运动方向计算的（除进刀和逼近参数，为确保切削之前部件之间的空间关系运算，这两个参数是从刀具移动至部件表面后构建）。

非切削移动包括快进、移刀、逼近、进刀、退刀、分离，各功能见表 3-1 所示。

表 3-1　非切削移动的类型

类　　型	功　　能
快进	设置安全平面上或其上方的所有刀具运动
移刀	设置安全平面下方的移动，如"直接"和"最小安全值 Z"类型的运动
逼近	设置"快进"或"移刀"点到"进刀"移动起点的运动
进刀	设置零点位置运动到切削位置运动方式刀路起点的运动
退刀	用来设置刀具在切削结束后刀具的运动方式
分离	设置"退刀"移动到"快进"或"移刀"移动起点的运动

3.1.2　进刀

【进刀】选项卡用来设置刀具从零点位置运动到切削位置的运动方式，分为封闭区域和开放区域两种进刀方式。合理的进刀参数有助于避免出现踩刀痕或过切部件等加工失误。

在【操作】对话框中的【设置刀轨】栏单击 ▥（非切削参数）按钮，此时系统弹出【非切削移动】对话框，如图 3-2 所示。读者可以在该对话框的【进刀】选项卡下对进刀方式进行设置。

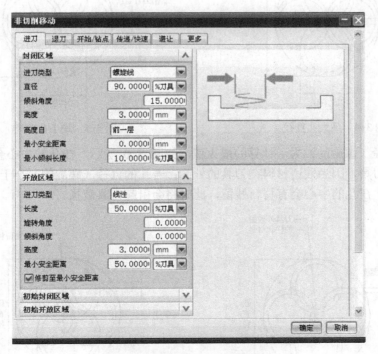

图 3-2　进刀和退刀参数设置

1．封闭区域的进刀

封闭区域的进刀类型有螺旋线、沿形状斜进刀、插铣、无 4 种。

53

（1）螺旋线　选择此项，程序会在进刀点形成螺旋线，刀具会沿此线进刀，有利于保护刀具。可供设置的参数有直径、倾斜角度、高度、最小安全距离、最小倾斜长度等，如图 3-3 所示。

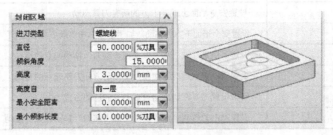

图 3-3　螺旋线方式的封闭区域进刀

此时进刀轨迹是螺旋线，将加工出一个孔，孔的直径由螺旋直径的百分比决定。在加工过程中，考虑刀具的安全性，一般按如下原则确定螺旋直径：

1）最大孔直径的定义原则：最大孔直径=2×刀具直径−刀片宽度，如图 3-4 所示。

2）最小孔直径的定义原则：最小孔直径=2×刀具直径−2×刀片宽度，如图 3-5 所示。

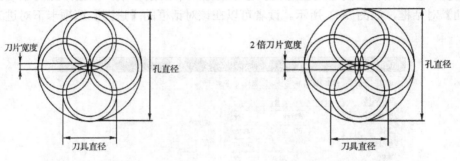

图 3-4　最大孔直径　　　　　　　　　图 3-5　最小孔直径

若孔的直径（螺旋的）大于计算的最大值，如图 3-6 所示，在孔的中心会有材料残留，但是不会影响刀具，因为残留材料在刀具的外侧；若孔的直径（螺旋的）小于计算的最小值，如图 3-7 所示，在孔的中心会有材料残留，此时将会引起刀具破损。

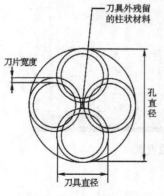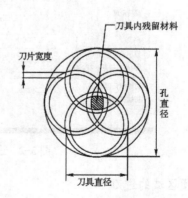

图 3-6　大于最大孔直径　　　　　　　图 3-7　小于最小孔直径

若孔直径等于计算的最大值，孔的底部完全是平的，这是最好的插补方式，如图 3-8 所示；若孔直径等于计算的最小值，孔的中心不会有残留材料，刀具将正常切削，如图 3-9 所示。

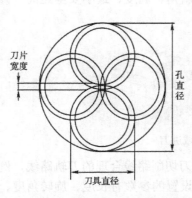
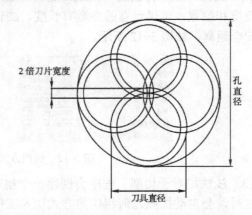

图 3-8　孔直径等于计算的最大值　　　　图 3-9　孔直径等于计算的最小值

（2）沿形状斜进刀　此类型允许刀具倾斜进刀，有利于保护正在切入工件的刀具。倾斜路线不受形状约束。设置的参数有倾斜角度、高度、最大宽度、最小安全距离、最小倾斜长度等，如图 3-10 所示。

（3）插铣　此种进刀类型可供设置的参数只有高度，刀具会沿 Z 向竖直插入工件。可供设置的参数和进刀效果如图 3-11 所示。

（4）无　选择此种进刀类型后，系统将以默认的方式进刀。

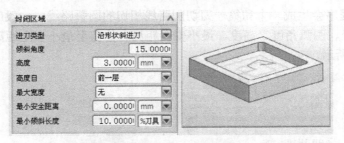

图 3-10　沿形状斜进刀方式的封闭区域进刀

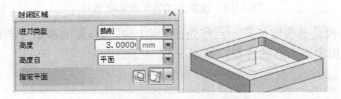

图 3-11　插铣方式的封闭区域进刀

2. 开放区域的进刀

对于要加工的区域为开放的区域，此时关于进刀的类型有与封闭区域相同、线性、线性相对于切削、圆弧、点、线性—沿矢量、角度角度平面、矢量平面 8 种。

（1）与封闭区域相同　程序将按照在封闭区域进刀类型中定义的参数来控制刀具在开放

区域的进刀。

（2）线性　程序将创建一个线性进刀轨迹，其方向可以与第一刀切削运动相同，也可以设定角度和位置。可供设置的参数有长度、旋转角度、斜角、高度、最小安全距离、修剪至最小安全距离，如图 3-12 所示。

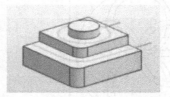

图 3-12　线性方式的开放区域进刀

（3）线性相对于切削　程序会创建一个相对于第一刀切削路线合理的刀轨路线，例如切入圆柱时，会自动按照几何相切的方式切入工件。可供设置的参数有长度、旋转角度、斜角角度、高度、最小安全距离、修剪至最小安全距离，如图 3-13 所示。

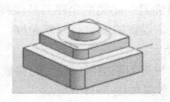

图 3-13　线性—相对于切削方式的开放区域进刀

（4）圆弧　程序会生成一个和第一刀切削路线相切的圆弧路线，一般应用于精铣。可供设置的参数有半径、圆弧角度、高度、最小安全距离、修剪至最小安全距离、在圆弧中心处开始，如图 3-14 所示。

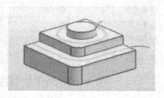

图 3-14　圆弧方式的开放区域进刀

（5）点　由点构造器指定任意一点作为进刀点。可供设置的参数有半径、有效距离、距离、高度。还可以指定进刀点的位置，如图 3-15 所示。

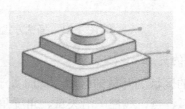

图 3-15　点方式的开放区域进刀

单击 （指定点）按钮，此时系统弹出【点】对话框，然后根据需要设置初始进刀点位置，设置完毕后单击 确定 按钮即可选中进刀点，刀具会沿最优线路切入工件。

（6）线性—沿矢量　通过矢量构造器指定一个方向来定义进刀路线。设置的参数有指定矢量、长度、高度等，如图 3-16 所示。

单击 （指定矢量）按钮，此时系统弹出【矢量】对话框。通过【矢量】对话框设置进刀矢量方向，然后在【距离】文本框中设置进刀距离。

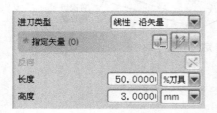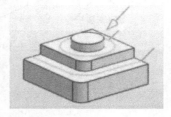

图 3-16　点方式的开放区域进刀

（7）角度角度平面　通过平面构造器指定一个平面作为进刀点高度位置，输入两个角度值决定进刀方向。设置的参数有旋转角度、倾斜角度，如图 3-17 所示。

图 3-17　角度角度平面方式的开放区域进刀

单击【指定平面】按钮，此时系统弹出【平面构造器】对话框。在该对话框中根据需要设置进刀平面的偏置距离，单击 确定 按钮，然后在【角度 1】和【角度 2】文本框中设置相应角度值即可。

（8）矢量平面　通过矢量构造器指定矢量决定进刀方向，通过平面构造器指定平面决定进刀点，这种进刀运动是直线，如图 3-18 所示。

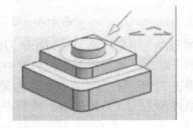

图 3-18　矢量平面方式的开放区域进刀

单击 （指定矢量）按钮，在弹出的【矢量】对话框中指定一个矢量；通过单击【指定平面】按钮，在弹出的【平面构造器】对话框中创建一个平面，来设定矢量平面方式的进刀方式，如图 3-19 所示。

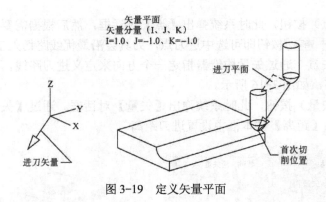

图 3-19　定义矢量平面

3.1.3　退刀

【退刀】选项卡中的设置项用来设置刀具在切削结束后刀具的运动方式,有8种方式,分别为与进刀相同、线性、圆弧、点、抬刀、沿矢量、角度角度平面、矢量平面。各种方式的设置参数与效果同开放区域的进刀方式设置相同,这里不再赘述。

3.1.4　进刀控制点

进刀控制点是指切削刀具在工件处的进刀点位置,在【非切削运动】对话框中单击【开始/钻点】选项卡,即可展开关于控制点的设置项,该选项卡包含重叠距离、区域起点、预钻孔点3项。

（1）重叠距离　是指在切削过程中刀轨进刀线路与退刀线路的重合长度。设置合理的长度可以提高零件的表面质量,如图3-20所示。

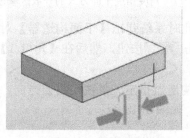

图 3-20　进刀和退刀的重叠距离

（2）区域起点　用来定义刀具初始进刀位置。在【开始/钻点】对话框（图3-21）的【区域起点】下的【默认区域起点】下拉列表中有角、中点两项。角方式定义切削起点为边界的起始点,如图3-22所示;自动定义起点为最长边界的中点,如图3-23所示。

也可以通过单击 （点构造器）按钮来选择区域起点,或指定有效距离来定义起点,如图3-24所示。

（3）预钻孔点　型腔切削时,若采用自动进刀模式,则需要定义进刀位置,即定义一个预钻孔点。当在该切削区域切削时,切削起点将尽可能地靠近定义的点位置。在【预钻孔点】选项,可以通过单击 （点构造器）按钮来选择区域起点,或指定有效距离来定义起点,如图3-25所示。

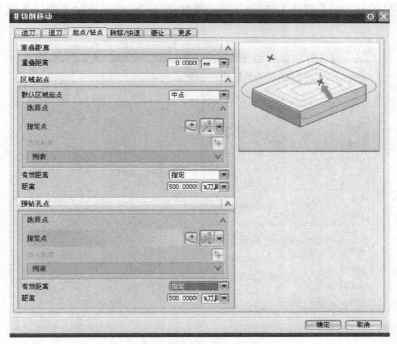

图 3-21　控制点设置参数

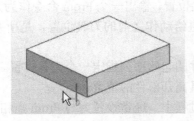

图 3-22　角方式定义区域起点

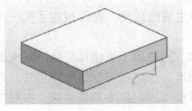

图 3-23　中点式定义区域起点

59

图 3-24　自定义区域起点

图 3-25　自定义预钻孔点

3.1.5　避让

为了避免刀具在做非切削移动时出现切入冲击或撞刀等干涉现象，软件设定了【避让】选项卡。此功能操纵两个部分的运动：一是刀具在切入工件之前或离开工件后的运动；二是

刀具切削工件时的运动。【避让】选项卡的设置如图 3-26 所示。对【避让】选项卡下的参数
介绍如下。

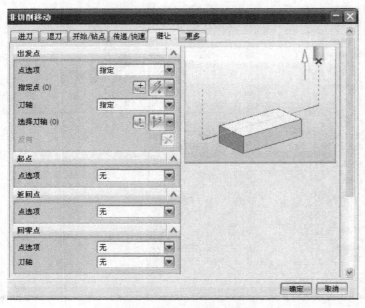

图 3-26　【避让】选项卡设置参数

（1）出发点　指定新刀轨开始处的刀具初始位置，输出一个 From 命令作为刀轨文件的第
一行，但不产生进给运动，仅仅规定了第一个进给动作之前的刀具位置，是所有刀具运动的
参考点。

（2）起点　为可用于避让几何体或装夹组件的起始序列指定一个刀具位置。

（3）返回点　指定在切削程序终止时，刀具离开部件的位置。

（4）回零点　指定最终刀具位置。在加工过程中，经常设置为与 From 点相同的位置。

安全平面为刀具运动定义距离部件的安全距离，在【非切削移动】对话框中选择【传递/
快速】选项卡。如果定义了安全平面，在操作开始时的进刀动作之前，系统将产生一个快速
的进刀运动指令，使刀具移动到安全平面，操作结束时刀具将退回到安全平面。各避让几何
体在刀具运动过程中的作用演示如图 3-27 所示。

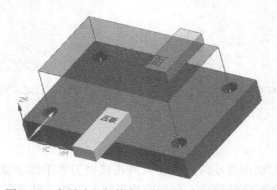

图 3-27　各避让几何体在刀具运动过程中的作用演示

3.2　UG CAM 公用切削参数的设置

3.2.1　拐角

在加工过程中，拐角控制中的各个设置项有助于预防刀具在拐角处进行切削时产生偏离或过切等现象。在【切削参数】对话框中选择【拐角】，如图 3-28 所示。

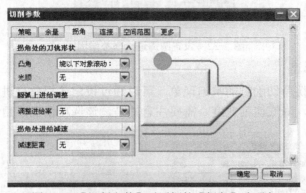

图 3-28　【切削参数】对话框的【拐角】选项卡

下面对【拐角】选项卡中的参数进行介绍。

1. 拐角处的刀轨形状

拐角处的刀轨形状是设置在加工工件的凸凹角处切削轨迹的过渡方式，当切削区域的拐角为凸角时，系统通过控制刀具在拐角处增加圆弧，或者用延伸的方法进行切削。有以下 3 种方式：

（1）绕以下对象滚动　用于设置刀具在铣削至外凸圆拐角时插入一段圆弧，其半径等于刀具半径，圆心在拐角顶端，以便在拐角时使刀具与部件轮廓始终保持接触，如图 3-29 所示。

图 3-29　绕以下对象滚动

（2）延伸并修剪　指沿切线方向延伸刀具路径，但并不形成锐角，如图 3-30 所示。

（3）延伸　指沿切线方向延伸刀具路径，如图 3-31 所示。

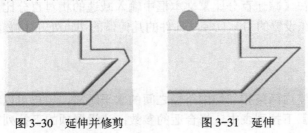

图 3-30　延伸并修剪　　　　　图 3-31　延伸

61

2. 圆弧上进给调整

【圆弧上进给调整】选项用来设置在所有拐角处产生圆角，使得刀具更加均匀地分布切削载荷，减少刀具在拐角处发生过切或偏离工件的可能性。此设置通过最大补偿因子和最小补偿因子两个参数来进行控制，补偿因子与圆弧进给率的乘积作为拐角进给率的上、下限，如图 3-32 所示。

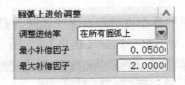

图 3-32　设置圆周进给率补偿因子

3. 拐角处进给减速

为了减少部件在拐角切削时的啃刀现象，可以通过设定【拐角处进给减速】选项，当切削到部件的拐角处时，降低切削速度。需要注意的是，该选项仅在凹角切削速度时有效，如图 3-33 所示。

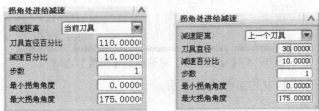

图 3-33　【拐角处进给减速】的两种方式

（1）当前刀具　刀具减速移动的长度计算使用当前刀具直径，在【刀具直径百分比】文本框中输入当前刀具直径的百分比。

1）减速百分比。设定拐角减速时最慢的进给速度，表示为当前正常进给速度的百分比。

2）步数。用来设置刀具进给速度变化的快慢程度。刀具在开始拐角切削时减速，步数设置越大，则减速越平缓，系统在拐角加工结束时开始加速进给速度至正常速度，加速步数为减速步数的一半。

3）拐角角度。用于设置拐角起作用的范围。当拐角切削的方向变化处于拐角角度的最小值与最大值之间时，系统将在该拐角处执行插入圆角或降低进给速度等控制。通常情况下，对于角度较小的方向变化，不将其作为拐角处理，而是直接采用正常切削速度进行切削，即无需增加圆角或者降速。

（2）上一个刀具　刀具减速移动的长度取决于前一刀具的直径。在【上一个刀具】文本框中输入刀具直径，在【减速百分比】文本框中输入减速的相对百分比，在【步数】文本框中设置减速的快慢。在设置的刀具直径与部件的几何体的切点处开始减速/终止减速运动。

3.2.2　步距

步距用于定义程序内两条相邻切削路径之间的水平距离，用户可以在操作对话框的【刀轨设置】栏的【步进】下拉列表中选择合适的参数；该设置项的下拉列表中有恒定、残余高度、%刀具平直、多个、变量平均值 5 项，如图 3-34 所示。

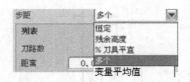

图 3-34　【步距】对话框

1. 恒定

恒定步距是指连续切削刀路间的固定距离数值。如果设置的刀路间距不能平均分割所在的区域，系统将减小步进距离，但仍然保持恒定的步进距离，如图 3-35 所示。

当切削模式为配置文件和标准驱动方式时，设置的步进距离是指轮廓切削和附加刀路之间的步进距离，如图 3-36 所示。

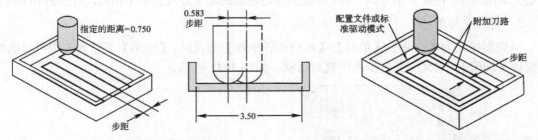

图 3-35　恒定方式的步距　　　　图 3-36　轮廓切削和附加刀路之间的步进距离图

2. 残余高度

残余高度步进方式用来设置相邻两刀路间残留材料的最大高度值，系统会利用残余高度在连续切削刀路间建立合理的步进距离。由于切削对象外形变化不同，所以系统自动计算出的每次切削步进距离也不同。为了保护刀具在切削材料时负载不至于太大，最大步进距离将被限制在刀具直径长度 2/3 的范围内，如图 3-37 所示。

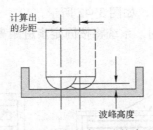

图 3-37　残余高度方式的步距

3. %刀具平直

%刀具平直步距方式通过设置刀具直径的百分比值，从而在连续切削刀路之间建立固定距离。如果步进距离不能平均分割所在区域，系统将减小刀具步进距离，但步进距离保持恒定，如图 3-38 所示。

63

注意：球头刀刀具直径按整个刀具直径计算，其他刀具的有效直径为 $D-2R$，如图 3-39 所示。

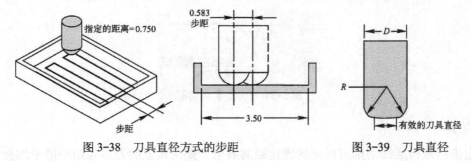

图 3-38　刀具直径方式的步距　　　　　　图 3-39　刀具直径

4. 多个

当切削模式为【跟随周边】、【跟随部件】、【轮廓】、【标准驱动】时，可以在【步距】下拉列表中选择【多个】。多个步距方式通过指定多个步进大小，以及每个步进距离所对应的刀路数来定义切削间距。根据切削方式不同，可变的步进距离的定义方式也不尽相同，如图 3-40 所示。

5. 变量平均值

当切削模式为【往复】、【单向】、【单向带轮廓铣】方式时，【步距】下拉列表中可以选择【变量平均值】，定义可变的步进距离对话框，如图 3-41 所示。

图 3-40　多个步距对话框　　　　　图 3-41　【变量平均值】选项对话框

此时允许用户设定步距的最大、最小值，系统将使用该值来决定步距大小及刀路数量。系统将按最大值计算出最少的刀路数量，同时还将调整步进距离以保证刀具始终沿着部件壁面进行切削而不会剩余多余的材料，如图 3-42 所示。

如果最大步距和最小步距相同，系统将按固定步进距离进行切削，此时部件壁可能剩余材料，如图 3-43 所示。

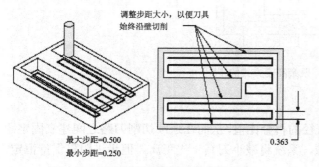

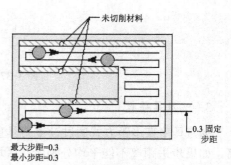

图 3-42　无残料的变量平均值步距方式　　　图 3-43　有残料的变量平均值步距方式的步距

3.3　选项参数设定

此功能可以添加、移除编程对话框按钮，也可以用来控制刀具和刀具轨迹的显示状态。在操作对话框的【选项】选项中，有关于选项功能的设置项，包括编辑显示、定制对话框、分析工具，如图 3-44 所示。

（1）编辑显示 单击该按钮，系统弹出【显示选项】对话框，如图 3-45 所示。在该对话框中，读者可以设置刀轨显示颜色、显示方式、显示快慢等，还可以指定是否显示切削区域等参数。

图 3-44　【选项】设置参数

图 3-45　【显示选项】对话框

（2）定制对话框 单击该按钮，系统弹出【定制对话框】对话框，如图 3-46 所示。可以添加或移除编程对话框按钮。

（3）分析工具 单击该按钮，系统弹出【分析工具】对话框，在该对话框中，读者可以对分析路径进行查看，如图 3-47 所示。

图 3-46　【定制对话框】对话框

图 3-47　【分析工具】对话框

3.4 切削进给和速度设定

进给率是指刀具相对加工工件各种动作的（进刀、退刀、快进、正常切削）移动速度。在工件切削过程中，对于不同的刀具运动类型，其"进给率"值是不同的。编程时是否合理地设置切削速度和主轴转速将直接影响加工效率和加工质量。UG CAM 为编程人员提供了富于变化的进给率和切削速度。在设置时可以选择进给率单位为 in/min（IPM）或 in/r（IPR），也可以按照 mm/min（MMPM）或 mm/r（MMPR）来设置。

在操作对话框的【刀轨设置】中单击 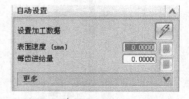（进给和速度）按钮，系统弹出【进给和速度】对话框。该对话框包含【自动设置】、【主轴速度】、【进给率】3 个选项，如图 3-48 所示。

读者可以根据需要在相应的选项中设置参数，设置完毕单击 确定 按钮即可。切削参数在切削过程中的作用，如图 3-49 所示。

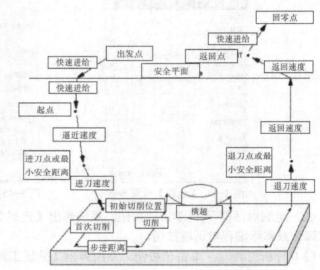

图 3-48 【进给和速度】对话框　　　图 3-49 切削参数在切削过程中的作用

下面对【进给和速度】对话框中各项参数进行介绍。

1. 自动设置

【自动设置】选项主要用于设定表面速度和每齿进给等参数，如图 3-50 所示。

（1）设定加工数据　如果在创建加工操作时指定了工件材料、刀具类型、切削方式等参数，单击 按钮，软件会自动计算出最优的主轴转速、进给量、切削速度、切削深度等参数。

图 3-50 【自动设置】选项参数

（2）每齿进给　设定刀具转动一周每齿切削材料的厚度。测量单位是 in 或 mm。

（3）表面速度（sfm）　设定切削加工时刀具在材料表面的切削速度。测量单位是 ft/min 或 m/min 或米。

（4）更多　在切削参数设定完毕后，单击 按钮就会使用已设定的参数。推荐从预定义表格中抽取适当的表面参数。

2．主轴速度

在【主轴速度】选项下有 5 个设置参数，分别是主轴速度
（rpm）、输出模式、方向、范围状态、文本状态，如图 3-51 所示。

（1）主轴速度（rpm）　设定刀具转动的速度，单位是 r/min。

（2）输出模式　主轴转速有 4 种输出模式，分别为无、
RPM（每分钟转速）、SFM（每分钟曲面英尺）、SMM（每分
钟曲面米）。

图 3-51　【主轴速度】选项参数

（3）方向　主轴的方向设置有 3 个选项：无、顺时针、逆
时针。

（4）范围状态　设置允许的主轴转速范围。勾选【范围状态】复选框，然后在【范围状
态】文本框中输入允许的主轴速度范围。主轴速度范围通常为编程数字，有时也可以使用 LOW、
MEDIUM 和 HIGH 等变量。LOW 始终等于 1；MEDIUM 始终等于 2；HIGH 等于 2，但如果多
于 2 个范围，则 HIGH 等于 3。

（5）文本状态　设置允许的主轴转速范围。勾选【文本状态】复选框，然后在【文本状态】
文本框中输入允许的主轴速度范围。主轴速度范围通常为编程数字，但有时也可以使用 LOW、
MEDIUM 和 HIGH。LOW 始终等于 1；MEDIUM 始终等于 2；
HIGH 等于 2，但如果多于 2 个范围，则 HIGH 等于 3。

3．进给率

【进给率】选项下有 11 个设置参数，用来设置刀具在不
同的运动状态时的移动速度，对不同的刀具运动状态设置合
适的进给参数，将会提高加工质量和速度，如图 3-52 所示。

（1）切削　设置刀具在切削工件时的进给速度。

（2）快速　设置从出发点到起点和从返回点到回零点的
运动状态。软件给予了两种选择模式，如果选择【G0—快速模
式】，则后处理器命令 RAPID 将被写入到刀轨和 CLSF（刀位
源文件）中，后处理输出机床快速代码 G00 或加工刀具最大进
给率；如果选择【G1—进给模式】，则输出指定的进给数值。

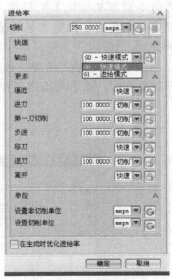

（3）逼近　设置从出发点到进刀点或最小安全距离的刀
具运动速度。在平面铣和型腔铣的工步中，逼近进给率可以
控制刀具从一个层到下一个层的进给，当逼近速度为 0 时，
系统将使用快速进给率。

图 3-52　【进给率】选项参数

（4）进刀　设置进刀位置到初始切削位置时刀具的进给率。当进刀速度为 0 时，系统将
使用切削进给率。

（5）第一刀切削　设置初始切削进给率。当进给率为 0 时，系统将使用切削进给率。

（6）步进　设置刀具向下一平行刀轨移动时的进给率。单步执行仅适用于往复切削模式。
当步进为 0 时，系统将使用切削进给率。

（7）移刀　设置刀具从现切削区域跨越至另一切削区域的移动速度。当移刀速度为 0 时，
将使用快速进给率。

（8）退刀　设置从最终切削位置到退刀位置时刀具的运动速度。当退刀进给率为 0 时，刀具将以进刀速度进行退刀操作。

（9）离开　设置从退刀点到返回点位置时刀具的运动速度。当返回进给率为 0 时，刀具将以快速进给率移动。

（10）设置非切削单位　非切削有 3 种单位可以选择，分别为无、mmpm、mmpr，用来设置刀具在没有切削材料时的移动速度单位，如进刀、退刀时。

（11）设置切削单位　切削也有 3 种单位可以选择，分别为无、mmpm、mmpr，用来设置刀具在切削材料时的移动速度单位。

3.5　机床控制

机床控制可以设定刀轨所要采用的后处理类型，包括指定开始刀轨事件、结束刀轨事件等，如图 3-53 所示。

图 3-53　【机床控制】选项卡

1. 设定开始/结束刀轨事件

（1）　单击该按钮，系统弹出【后处理命令重新初始化】对话框，如图 3-54 所示。在该对话框中，读者可以指定刀轨将要采用的后处理方式的模板及子类型。

（2）编辑　单击该按钮，系统弹出【用户定义事件】对话框，如图 3-55 所示。在该对话框中，读者可以定义在刀轨的后处理过程中将要添加的事件类型。

图 3-54　后处理命令重新初始化

图 3-55　【用户定义事件】对话框

2. 定义运动输出类型

定义运动输出类型是指定义后处理 NC 代码的类型，下拉列表中给出了直线、Arc-Perp to Tool Axis、Arc-Perp/par to Tool Axis、Nurbs、Sinumerik Spline 四种类型选择，如图 3-56 所示。

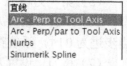

图 3-56　定义运动
输出类型

第4章 平 面 铣

内容提要： 主要介绍 UG NX 8.0 CAM 的平面铣，包括平面铣的创建、刀具的创建、操作参数设置、切削参数设置、切削模式的选用等内容。还介绍了适合于平面铣加工的典型实例，加工流程简洁、内容详细、步骤清晰。

重点掌握： 平面铣加工的创建、铣削几何体的应用、边界设定、工艺流程和参数设定。

4.1 平面铣概述

4.1.1 平面铣介绍

平面铣是一种 2.5 轴加工方式，是在一个平面内切除材料分层次加工。主要用于粗加工，其加工过程中首先完成水平方向 XY 两轴的联动，然后在 Z 轴完成一层加工后再进入下一层加工。通过不同的切削方法，平面铣可以完成零件的直壁、顶平面和腔体底平面的加工。适合于平面铣加工的典型零件如图 4-1 所示。

一般适合平面加工的零件侧壁和地面垂直，零件中可以包含岛屿、槽、孔，但岛屿的顶面和腔槽的地面必须是平面。因平面铣属于固定轴铣削，它的刀具轴线相对工件不发生变化，所以它只对侧面与地面垂直的部位进行加工，而不能加工零件中侧面与地面不垂直的部位。

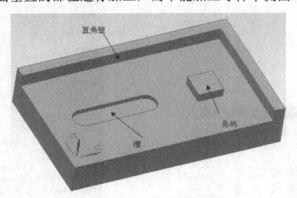

图 4-1 平面铣典型零件

4.1.2 平面铣的特点

平面铣是 UG CAM 加工中重要的加工手段，其特点介绍如下：

1）平面铣属于 2.5 轴加工，是在零件平面与 XY 平面平行的切削层上创建刀具轨迹的。其刀轴是沿 Z 轴固定的，垂直于 XY 平面；零件侧面平行于刀轴 Z 方向。

2）平面铣采用边界定义刀具切削运动区域，刀具会一直切削至指定底面。

3）平面铣刀具轨迹生成速度快、编辑方便，能很好地控制刀具在边界上的位置。

4）平面铣一般用于粗加工，也适用于符合加工条件零件的精加工。

5）平面铣可以用于型腔加工，也可以用于外形轮廓加工等。

4.2　平面铣的创建方法

通过在插入工具条中单击【创建工序】按钮，创建一个平面铣操作，具体如下：

1）在插入工具条中单击【创建工序】按钮，打开图 4-2 所示的【创建工序】对话框，系统提示选择类型、子类型、位置，并指定操作名称。

2）在【创建工序】对话框中的【类型】下拉列表中选择【mill_planar】选项，在【工序子类型】选项组中单击<img>（平面铣削）按钮，然后指定加工类型。

3）在【程序】、【刀具】、【几何体】和【方法】下拉列表中分别做出需要的选择。

4）完成上述操作后，在【创建工序】对话框中单击【确定】按钮，打开【平面铣】对话框，如图 4-3 所示。系统提示用户指定参数。

5）在【几何体】选项中，指定平面铣削几何体、部件边界、毛坯边界、检查边界、修剪边界、底面等。

6）在【刀轨设置】选项中，指定平面铣削的方法、参数设置、步距、进给、速度等。

7）在【选项】操作中设置刀具轨迹的显示参数，如刀具颜色、轨迹颜色、显示速度等。

8）单击【操作】选项中的【生成】按钮，生成刀具轨迹。

9）单击　确定　按钮，验证被加工零件是否产生了过切、有无剩余材料等，完成操作。

图 4-2　【创建工序】对话框　　　　　　　图 4-3　【平面铣】对话框

4.3　平面铣加工子类型

平面铣削模板包含了很多加工子类型，其含义见表 4-1。

表 4-1　平面铣削子类型含义

图　标	中　文	含　义
	面铣削域铣	用平面边界来定义切削区域的表面、底面
	表面铣	NX CAM 的基本切削操作，用于切削实体的表面
	手工面铣削	切削方法默认为手动的表面铣
	平面铣	NX CAM 的基本平面铣操作，能够采用多种方式定义要铣削的二维边界
	平面轮廓铣	铣削轮廓，常用于铣削外轮廓和修边操作
	平面轮廓粗加工	跟随部件的开粗平面铣削
	往复粗加工	往复式开粗的平面铣削
	单向粗加工	单向开粗的平面铣削
	清理拐角	使用来自前一操作的 IPW，以跟随零件切削类型进行平面铣，常用于清理拐角
	精铣侧壁	默认只铣削轮廓的平面铣操作
	精铣底面	默认跟随轮廓，只铣削底面的平面铣操作
	螺纹铣削	切削螺纹的操作
	文本铣削	用于文字的雕刻加工
	机床控制	添加相关的后处理操作
	自定义方式	通过自定义参数建立操作

4.4　平面铣几何体

平面铣操作的几何体边界用于计算刀位轨迹、定义刀具运动的范围，它以底平面控制刀具切削的深度。

4.4.1　新建平面铣几何体

在【平面铣】对话框的【几何体】中单击 （新建）按钮，此时系统弹出【创建几何体】对话框，如图 4-4 所示。在【类型】选项的下拉列表中选择【mill_planar】选项，然后在【几何体子类型】中单击 （MILL_BND）按钮，在【位置】选项的【Geometry】下拉列表中选择【WORKPIECE】项，在【名称】选项下输入新几何体的名称，单击 确定 按钮，此时系统弹出【铣削边界】对话框，如图 4-5 所示。【铣削边界】对话框中列出了可以创建的几何体对象。

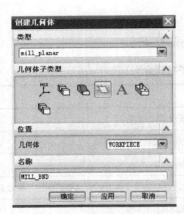

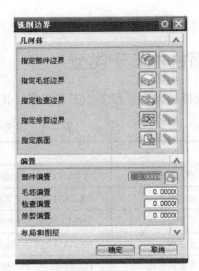

图4-4　【创建几何体】对话框　　图4-5　【铣削边界】对话框

需要注意，在选择【位置】选项的【Geometry】下拉列表中的选项时，尽量选择包含自己建立加工坐标系的项作为上一级参考。

4.4.2　平面铣几何体类型

几何体边界可以分为（部件边界）、（毛坯边界）、（检查边界）、（修剪边界）和（指定底面）五种，可以通过（显示）按钮显示或关闭边界。单击相应边界的按钮，即可进入该类型边界的【编辑边界】对话框，从而定义几何体边界。

1. 部件边界

部件边界用来描述完整的零件轮廓，用于控制刀具运动的范围。可以通过选择面、边界、曲线和点来定义部件边界。

"面"一般用来作为封闭的边界，其材料侧可以设为内部或外部。

"曲线和点"定义部件边界，边界有封闭和开放两种类型。当定义为封闭的边界时，其材料侧为内部或者外部；当定义为开放的边界时，其材料侧为左侧或右侧。部件的材料侧代表材料被保留的一侧，它的相对侧即为刀具切削侧。对于内腔切削，刀具在内腔里进行切削，所以材料侧应该定义为外部；对于岛屿切削，刀具环绕着岛屿切削，由于刀具在岛屿的外部，因此材料侧应该定义为内部。

用"点"来定义边界时，将以点的选择顺序用直线连接起来定义切削范围，边界可以是封闭的，也可以是开放的。

为避免碰撞和过切，一般应当选择整个部件（包括不切削的面）作为部件几何体，然后使用指定修剪边界限制切削部分。

2. 毛坯边界

毛坯边界用于描述被加工工件材料的整体范围，毛坯边界的定义和部件边界的定义方法类似，但是毛坯边界没有敞开的，只有封闭的边界。毛坯几何体涵盖了最终部件的外形，可以对其直接切削或进刀操作。毛坯边界不是必须要定义的，若指定的部件边界是封闭的区域，则可以不指定毛坯边界，程序会自动生成合适的毛坯。

3. 检查边界

检查边界区域内是不产生刀具轨迹的。用于定义加工时，要避开夹具或其他区域的边界，如夹具和压板位置等。检查边界的定义和毛坯边界的定义方法类似，没有敞开的边界而只有封闭的边界。可以通过设定检查边界的余量来定义刀具距离检查边界的最小距离。

4. 修剪边界

修剪边界用来定义操作期间要从切削部分中排除的区域，可以进一步控制刀具的运动范围。修剪边界的定义方法和部件边界的定义相同，且一般与部件边界一起使用，对由部件边界生成的刀轨做进一步的限定。修剪的材料侧封闭区域选项可以是内部的、外部；开放区域可以是左侧的、右侧的。

5. 指定底面

指定底面用于指定平面铣加工的深度，该选项只在平面铣中才会出现，在操作中只能设定一个底面。底面可以直接选择加工零件的水平表面，也可以利用平面构造器设定加工深度。

4.4.3　平面铣的边界几何体

在平面铣操作中，通过不同的边界操作可以定义刀具切削运动的区域。切削加工区域可以通过单个边界或者多个边界的组合来定义。平面铣中各种边界的定义，包括部件边界、毛坯边界、检查边界和修剪边界，其选择方法都是一样的。【边界几何体】对话框如图 4-6 所示。

图 4-6　【边界几何体】对话框

在【边界几何体】对话框中可对边界进行定义。下面介绍【边界几何体】对话框中各设置项的功能。

（1）模式　设置定义临时边界的方法，该下拉列表中有曲线/边、点、面和边界等四种可供选择的项。

（2）名称　输入临时边界的名称。

（3）材料侧　用于定义边界某一侧的材料是被去除或是被保留。当创建封闭边界时，【材料侧】下拉列表有内部和外部两个选项；当创建开放边界时，【材料侧】下拉列表有左侧和右

73

侧两个选项；对于修剪边界，【材料侧】下拉列表只有一个修剪侧选项。

（4）几何体类型　用来定义边界在切削过程中以何种几何体类型出现，可以定义为零件、毛坯、检查和修剪等四种类型。

（5）定制边界数据　允许对所选择边界的公差、余量、毛坯距离和切削进给率等参数进行设置。单击 定制边界数据 按钮，系统弹出图 4-7 所示【创建边界】对话框，在该对话框中可以详细地定义边界数据。

1. 曲线/边

选择【曲线/边】，系统弹出【创建边界】对话框，通过选择已经存在的曲线和曲面边缘来创建边界。在【模式】下拉列表中选择其中任意项，然后单击 定制边界数据 按钮，也都可以打开【创建边界】对话框。

下面对【创建边界】对话框中各选项的功能做一个详细的介绍。

（1）类型　该下拉列表可以指定边界是打开或是封闭的状态。开放边界只能搭配轮廓或标准加工方法，如使用其他切削方法，系统自动将此开放的外打开的边界在起点与终点处用直线连接起来，形成一个封闭环。

（2）平面　该下拉列表可以用所选择的几何体投射的平面或边界创建的平面，有用户定义和自动两个选项。选择【自动】项，则根据选择的几何体决定边界平面，如果选择的边界的前两个元素是直线，则两条直线所定义的平面即为边界平面；选择【用户定义】项，则系统自动弹出图 4-8 所示的【平面】对话框，通过该对话框可以定义边界几何体投射的平面位置。

图 4-7 【创建边界】对话框

图 4-8 【平面】对话框

在 UG CAM 仿真加工的过程中，刀轨的切削运动从部件边界面开始，到底平面结束。如果部件边界面和底平面处于同一平面，则只能生成单一深度的刀具路径。若将部件的边界面抬高，高于底平面，然后定义背吃刀量，就可以生成多层刀具路径，实现分层切削。要改变部件边界面的高度，可以在【编辑边界】对话框中选择【用户定义】选项来定义或者改变边界平面，在文本框中输入偏距值即可把边界移动到需要刀具开始切削的位置。

（3）材料侧　定义材料在边界的方向，决定了刀具路径生成的位置。当几何体类型为【修剪】时，材料侧将变成修剪侧，用来定义某一侧刀具路径将被修剪掉。

（4）刀具位置　决定刀具与边界的相对位置，有相切于和位于两种选项。当选择【相切于】选项时，刀具的轮廓与边界相切；当选择【位于】选项时，刀具的中心轴线在边界上。

（5）定制成员数据　允许读者对所选择的边界的公差、侧边余量、切削速度和后处理命令等参数进行设置。单击【定制成员数据】按钮，此时【创建边界】对话框中间部位增加了

【定制成员数据】选项，如图 4-9 所示。

（6）成链　单击该按钮，系统弹出【成链】对话框，如图 4-10 所示。读者可以通过选择边界的起始边和终止边创建边界。

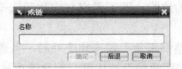

图 4-9　【创建边界】对话框　　　　　　图 4-10　【成链】对话框

（7）移除上一个成员　单击该按钮，将移除最后一次选择的实体元素，如当选择轮廓边界时，如果选错了元素，可以通过该按钮移除选错的边界。

（8）创建下一个边界　如果要创建的边界不止一个，则在定义下一个外形边界前，必须单击该按钮，从而开始新的轮廓边界定义。

2. 点

可以通过按顺序定义的点的方式创建边界，此时系统弹出【创建边界】对话框，如图 4-11 所示。

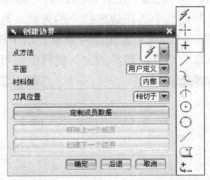

图 4-11　点方法的【创建边界】对话框

与【曲线/边】模式不同的是，所选择的几何体类型为点，而不是曲线或者边线。【点方法】下拉列表中有点的各种创建方式。当创建点或选择点后，系统可以自动地在点与点之间以直线依次连接，形成一个开放的或者封闭的外边界。在【点】模式定义外形边界时，没有【成链】选项，其他选项与【曲线/边】模式一致。

3. 面

将通过所指定面的外形边缘作为平面铣的外形边界。读者需要在选取表面之前先设置图 4-12 所示的各项，然后再选择表面。此模式是【模式】下拉列表默认的模式选项，用【面】模式选择边界时，所选择的边界一定是封闭的边界。

在【面】模式下的【边界几何体】对话框中，各设置项的含义介绍如下。

（1）忽略孔　勾选此选项后，系统将在定义边界时忽略面中孔的边缘，即不考虑在实体所选平面被切除后留下的下凹部位的边缘。

图 4-12　【面】模式的【边界几何体】对话框

（2）忽略岛　勾选此选项后，系统将在定义边界时忽略面中岛屿的边缘，即不考虑在实体所选平面上的凸台部分的边缘。

（3）忽略倒斜角　勾选此选项后，当通过选择面来创建边界时，该选项可指定与面邻接的倒角、倒圆和圆面是否被认可。若此选项被激活，建立边界时将忽略这些倒角、倒圆和圆面。

（4）凸边　该项定义在所选择面的边缘中，控制刀具在凸边上的位置。由于凸边通常为开放的区域，因此可以将刀具位置设为【位于】方式，从而完全切除此处的材料。

（5）凹边　该项定义在所选择面的边缘中，控制刀具在凹边上的位置。由于凹边通常会有直立的相邻面，因此刀具在内角凹边的位置一般应为【相切于】。

4. 边界

在【边界几何体】对话框中的【模式】下拉列表中选择【边界】项时，【边界几何体】对话框转变为如图 4-13 所示。如果用【面】模式选择边界，则需要设置面选择参数中【凸边】、【凹边】为【相切于】，从而使得岛屿边上的轮廓为凹边，即相切方式（显示单边箭头），而外形边界和孔边界则为凸边，即刀具中心在边界线上的方式（显示完整箭头）。

选择【永久边界】作为边界时，定义方式比较简单。由于部分参数在创建永久边界时已经确定了，所以只需选择某一永久边界，然后指定其材料侧即可完成边界的定义。

图 4-13　【边界】模式的【边界几何体】对话框

图 4-14　【编辑边界】对话框

选择边界时，可以在绘图区直接点选边界图素，也可以通过输入边界名称（如 B1）来选择边界。单击【列出边界】按钮，可以显示当前文件中已创建的所有永久边界。

5. 编辑边界

平面可以作为边界几何体来计算刀轨，将不同边界几何体进行组合使用，则可以方便地产生所需要的刀轨。如果产生的刀轨不符合要求或是想改变刀轨，还可以编辑已经定义好的边界几何体来改变切削区域。在操作对话框中单击所需编辑的边界几何体后面的按钮，即打开【编辑边界】对话框，如图 4-14 所示。

在【编辑边界】对话框中，可以根据需要对每一条边界的组成元素进行编辑。可以通过对话框中的◀（上一个）按钮或者▶（下一个）按钮来选择要编辑的边界，也可以直接在 UG CAM 主视区中单击某一边界线，然后对其参数进行修改。修改参数仅对所选中的当前边界有效，当前选中的边界在 UG CAM 的主视区中以系统设定的颜色显示（默认为灰色）。

在【编辑边界】对话框中，部分参数与使用曲线/边模式定义边界时相同。如果是使用面模式或者是永久边界模式定义的边界，可以进行类型、平面、刀具位置选项的编辑，也可以对不正确的材料侧或者用户参数进行设置。

（1）编辑 在【编辑边界】对话框中单击 编辑 按钮，系统将自动弹出【编辑成员】对话框，如图 4-15 所示。在该对话框中，可以进一步对边界元素进行编辑。

在【编辑成员】对话框中，可以对组成边界的每一条曲线或边线进行刀具位置的设置，也可以对边界成员的公差、余量等参数作单独设置。【刀具位置】选项用于更改刀具在到达此元素时的位置状态；通过【定制成员数据】选项可以对元素进行公差、余量等参数的设置，如图 4-16 所示；【起点】选项用于定义切削开始点，它有元素长度百分比和距离两个指定选项，一旦定义了起点，则此边界元素在起点位置将分为两个边界元素。

图 4-15 【编辑成员】对话框　　　　图 4-16 定制边界成员数据

（2）移除 在【编辑边界】对话框中单击 移除 按钮，可以将所选择的边界从当前操作中删除。

（3）附加 在【编辑边界】对话框中单击 附加 按钮，则在当前操作中新增一个边界，可以进行新的边界选择。

　　（4）信息　在【编辑边界】对话框中单击 信息 按钮，则列表显示当前所选的边界信息，包括边界类型、边界的尺寸范围、相关联的图素、每一成员的起点、终点、刀具位置等信息，如图 4-17 所示。

　　（5）创建永久边界　在【编辑边界】对话框中单击 创建永久边界 按钮，则可以利用当前的临时边界创建永久边界。所创建的边界组成曲线及参数均与临时边界相同。对于重复加工某一区域时，用此方法可以快速方便地选择边界。

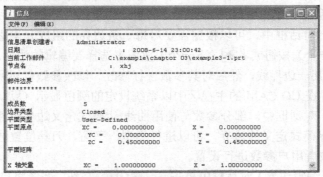

图 4-17　查看边界信息

4.5　平面铣的参数设置

4.5.1　平面铣的操作参数设置

1. 切削模式

　　切削模式确定了用于加工切削区域的刀轨模式，不同的切削模式可以生成不同的刀具路径。在平面铣削操作中，共有 8 种铣削模式控制加工切削区域的刀位轨迹形式。其中，往复（Zig-Zag）、单向（Zig）、单向轮廓（Zig With Contour）3 种切削方法产生平行刀位轨迹；跟随周边（Follow Periphery）、跟随部件（Follow Part）和摆线产生同心的刀位轨迹；轮廓（Profile）和标准驱动（Standard Drive）只沿着切削区域轮廓产生一条刀位轨迹。前 6 种切削方法用于区域的切削，后 2 种切削方法用于轮廓或者外形的切削，如图 4-18 所示。

图 4-18　平面铣切削模式

（1）往复切削　往复切削方法允许刀具在运动期间保持连续的进给运动，没有抬刀，能最大化地对材料进行清除，是最经济和节省时间的切削运动。由于是往复式的切削，切削方向交替变化，因此往复切削方法中顺铣、逆铣方式在不停地变换。往复切削经常用于内腔的粗加工，其去除材料的效率较高。切削方法也可以用于岛屿顶面的粗加工，但步距的移动要避免在岛屿面进行，即往复切削要切出表面区域。

需要注意的是，首刀切入内腔时，如果没有预钻孔，则应该采用斜线下刀，斜线的坡度一般不大于 5°，如图 4-19 所示。

（2）单向切削　单向切削方法生成一系列的线性平行单向切削路径。始终维持一致的顺铣或者逆铣切削方式。刀具在切削轨迹的起点进刀，切削到切削轨迹的终点，刀具回退到转换平面高度，然后转移到下一行轨迹的起点，以同样的方向进行下一行的切削，如图4-20 所示。

図 4-19　往复切削刀位轨迹　　　　図 4-20　单向切削刀位轨迹

由于单向切削抬刀次数太多，且在刀具路径回退的过程不进行切削运动，因此影响了加工效率。但是单向切削方式可以始终保持顺铣或者逆铣的状态，其加工精度较高，故单向切削经常用于岛屿表面的精加工和不适用往复式切削方法的场合。一些陡壁的筋板部位，工艺上只允许刀具自下而上的切削，这种情况下，只能采用单向切削方式。面铣削中，默认的切削方法也是单向切削。

（3）单向轮廓切削　单向轮廓切削方式用来创建单向的、沿着轮廓平行的刀位轨迹。这种切削方式所创建的刀位轨迹能始终保持顺铣或者逆铣。它与单向切削相似，只是在下刀时将下刀到前一刀轨的起始位置，沿轮廓切削到当前行的起点，然后进行当前行的切削；切削到端点时，抬刀到转移平面，再返回到起始当前行的起点下刀，进行下一行的切削，如图 4-21 所示。单向轮廓切削方式通常用于粗加工后要求余量均匀的零件，如对侧壁厚度要求均匀的零件或者薄壁零件。使用此种切削方式时，切削过程比较平稳，对刀具没有冲击。

（4）跟随周边切削　跟随周边切削方式用来创建沿着轮廓切削的刀位轨迹，并且创建的刀位轨迹同心。它是通过对外围轮廓的偏置得到刀位轨迹的。

此方式与往复切削一样，能维持刀具在步距运动期间连续地进行切削运动，尽最大可能地切除材料。除了可以通过顺铣和逆铣选项指定切削方向外，还可以指定是由内向外还是由外向内切削，如图 4-22 所示。

图 4-21　单向轮廓切削刀位轨迹

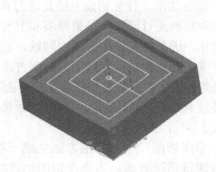

图 4-22　跟随周边切削刀位轨迹

（5）跟随部件切削　跟随部件切削方式又称为沿零件切削，通过对指定零件几何体进行偏置来产生刀位轨迹。与跟随周边切削的不同之处在于，跟随部件切削只从外围的环进行偏置，而跟随部件切削则从零件几何体所定义的所有外围环（包括岛屿、内腔）进行偏置创建刀轨。

与跟随周边切削不同，跟随部件切削不需要指定是由内向外切削还是由外向内切削（步距运动方向），系统总是按照切向零件几何体的方式来决定型腔的切削方向。即对于每组偏置，越靠近零件几何体的偏置越靠后切削。对于型腔来说，步距方向是内向的，如图 4-23 所示。

跟随周边切削和跟随部件切削通常用于带有岛屿和内腔零件的粗加工，如模具的型芯和型腔。这两种切削方法生成的刀轨都由系统根据零件形状的偏置产生，在形状交叉的地方所创建的刀轨将不规则，而且切削不连续，此时可以通过调整步距、刀具或者毛坯的尺寸来得到较为理想的刀轨。

（6）摆线切削　摆线切削方式通过产生一个小的回转圆圈，从而避免在切削时发生全刀切入而导致切削的材料量过大。摆线切削方式可用于高速加工，以较低的而且相对均匀的切削负荷进行粗加工。

（7）轮廓切削　轮廓切削方式用于创建一条或指定数量的刀位轨迹对零件侧壁或轮廓的切削。该切削方式既能用于敞开区域，也能用于封闭区域的加工。图 4-24 为轮廓切削刀位轨迹。

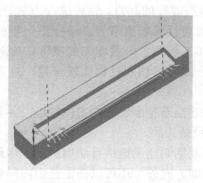

图 4-23　跟随部件切削刀位轨迹

图 4-24　轮廓切削刀位轨迹

当有一个以上的开放区域时，轮廓切削可以在一次操作中完成加工。如果敞开的区域之间很接近，以至于刀轨产生交错，则系统将自动调节刀轨，使其不产生过切。若一个开放的外形和一个岛屿之间很接近，则刀轨将只从开放的外形生成刀位轨迹，并且调整刀位轨迹，使其不对岛屿产生过切。若多个岛屿之间非常接近，刀位轨迹将从岛屿的外部生成。

（8）标准驱动切削　标准驱动切削方式是一种特殊的轮廓切削方式，它严格地沿着指定的边界驱动刀具运动，在轮廓切削中排除了自动边界修剪的功能，故此标准驱动切削方式允许刀轨自相交。每一个外形生成的轨迹不依赖于任何其他的外形，而只由轮廓自身的区域决定，在两个外形之间不执行布尔运算。这种切削方法非常适合于雕花、刻字等轨迹重叠或者相交的加工操作。同时它可以用于一些外形要求较高的零件加工，如为了防止外形的尖角被切除，工艺上要求在两根棱相交的尖角处，刀具圆弧切出，再圆弧切入，此时刀轨会相交。

2．切削层

切削层参数确定了工件加工切削的深度，其参数在【平面铣】对话框中的【刀轨设置】选项中进行设置，如图 4-25 所示。切削深度可以由岛屿顶面、底面、平面或者输入的值定义，且只有当刀轴垂直于底平面或部件边界平行于工作平面时，切削深度参数才起作用，否则只在底平面上创建刀具路径。

（1）类型　【类型】下拉列表用于定义切削深度的方式。选择不同的方式，需输入的参数不同。但不论选择哪一种方式，在底面总可以产生一个切削层。【类型】选项包括用户定义、仅底部面、Floor then Critical Depths（底面和岛的顶面）、Critical Depths（岛顶部的层）、恒定 5 个选项，如图 4-26 所示。

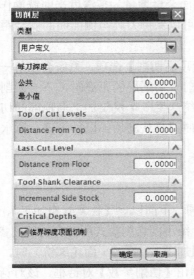

图 4-25 【切削层】对话框

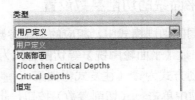

图 4-26 【类型】下拉列表项

1）用户定义。允许用户自行定义切削深度参数。选择该选项时，对话框下部的所有参数选项均被激活，只需在对应的文本框中输入数值，然后单击 确定 按钮即可。这是最为常用的一种切削深度定义方式。

2）仅底部面。切削层深度直到底面，在底面创建一个唯一的切削层。选择该选项时，对话框下部的所有参数选项均不激活，生成的刀具路径相当于精铣底面，一次切削完成加工操作。

3）Floor then Critical Depths（底面和岛的顶面）。在底面与岛顶面之间创建切削层，岛顶的切削层不会超出定义的岛边界。选择该选项时，对话框下部的所有参数均不被激活。

4）Critical Depths（岛顶部的层）。在岛的顶面创建一个平面的切削层。该选项与【底面和岛的顶面】选项的区别在于，所生成的切削层的刀具路径将完全切除切削层平面上的所有毛坯材料。选择该选项时，对话框下部的【Top of Cut Levels】、【Last Cut Level】、【Tool Shank Clearance】选项被激活。

5）恒定。输入一个固定切削深度值，除最后一层可能小于固定深度设定外，其余均是设定值。

（2）公共　定义切削层中每层的切削深度，对于固定深度方式，最大深度用来指定各切削层的切削深度。

（3）最小值　定义切削过程中每层的最小切削量。

（4）Top of Cut Levels（初始）　初始参数是多深度平面铣操作定义的第一层的深度，该深度从毛坯几何体顶平面开始测量。如果没有定义毛坯几何体，将从部件边界平面处测量，与最大深度或最小深度的值无关。

（5）Last Cut Level（最终）　最终参数是多深度平面铣操作定义的，在底平面以上的最后一个切削层的深度，该深度从底平面开始测量。如果终止层深度大于 0，系统至少创建两个切削层，一个层在底平面之上的最终深度处，另一个在底平面上。

（6）Tool Shank Clearance（侧面余量增量）　侧面余量增量为多深度平面铣操作的每个后续切削层增加一个侧面余量值。增加侧面余量值，可以保持刀具与侧面间的安全距离，减轻刀具深层切削所受到的应力。

（7）Critical Depths（顶面岛）　选择【临界深度顶面切削】选项，系统会在每一个岛的顶部单独创建刀具路径，当最小深度值大于岛顶面到前一切削层的距离时，下一切削层将会建立在岛顶部的下方，而在岛顶面上留有残余量，系统产生一个仅仅加工岛顶部的切削路径。加工岛顶部时，系统将寻找一个安全的进刀点，以便刀具从岛顶部以外下刀，再水平进刀切削岛顶部，此时系统忽略进刀方式的设置。

4.5.2　平面铣的切削参数设置

在不同的切削模式中，相应的切削参数也不相同。下面以【往复式粗加工】、【单向粗加工】、【平面轮廓铣】等切削方式为对象，介绍不同切削模式所特有的切削参数。

当切削方式为（往复式粗加工）、（单向粗加工）、（平面轮廓铣）时，在【刀轨设置】选项中单击（切削参数）按钮，此时系统弹出【切削参数】对话框，该对话框有【策略】、【余量】、【拐角】、【连接】、【空间范围】、【更多】选项卡，如图 4-27 所示。

在【策略】选项卡下，有切削、精加工刀路、合并、毛坯等设置参数，下面分别加以介绍。

1. 切削方向

切削方向用于指定加工过程中刀具切削材料的方式，有顺铣、逆铣、跟随边界、边界反向 4 种选项，如图 4-28 所示。

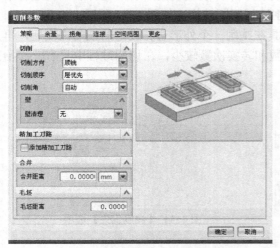

图 4-27 【切削参数】对话框

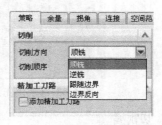

图 4-28 【切削参数】对话框

（1）顺铣 顺铣切削加工时，铣刀旋转的方向与工件进给方向一致，称为顺序，如图 4-29 所示。一般数控加工多选用顺铣，有利于延长刀具寿命并获得较好的表面加工质量。

（2）逆铣 逆铣切削加工时，铣刀旋转方向与工件进给方向相反，如图 4-30 所示。

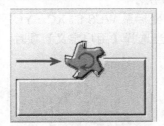

图 4-29 顺铣切削方式

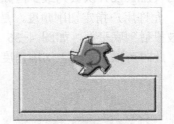

图 4-30 逆铣切削方式

（3）跟随边界 系统自动根据边界的方向和刀具旋转的方向决定切削方向。此时刀具切削的方向决定于边界的方向，与边界方向一致，如图 4-31 所示。此切削方式仅用于平面铣。

（4）边界反向 系统自动根据边界的方向和刀具旋转的方向决定切削方向。此时刀具切削的方向决定于边界的方向，与边界方向相反，如图 4-32 所示。此切削方式仅用于平面铣。

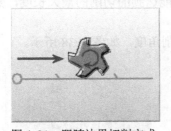

图 4-31 跟随边界切削方式

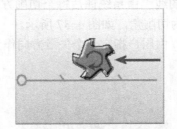

图 4-32 边界反向切削方式

2. 切削顺序

此选项用于设置多切削区域时的加工顺序，它有深度优先和层优先两个选项。

（1）层优先　选择此选项，则刀具先在一个深度上铣削所有的边界后，再进行下一个深度的铣削，在切削过程中刀具在各个切削区域不断转换，如图 4-33 所示。

（2）深度优先　选择此选项，则刀具在铣削一个外形边界设定的铣削深度后，再进行下一个外形边界的铣削。此方式的抬刀次数和转换次数较少，在切削过程中只有一次抬刀就转换到另一切削区域，如图 4-34 所示。

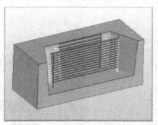
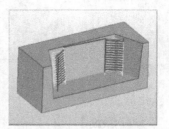

图 4-33　【层优先】选项　　　　　　　图 4-34　【深度优先】选项

3. 切削角

当选择切削方式为平行切削时，如往复切削、单向切削或单向轮廓切削时，切削角选项将被激活。系统有四种方式定义切削角，分别为自动、最长的线、指定、矢量。

（1）自动　由系统评估每一个切削区域的形状，并且对切削区域决定最佳的切削角度，以使其中的进刀（Engage）次数为最少，如图 4-35 所示。

（2）指定　允许用户指定切削角度，是从工作坐标系 WCS 的 XC－YC 平面中的 X 坐标测量的，该角被投射到底平面，如图 4-36 所示。当选择【用户定义】项时，【度数】文本框处于激活状态，此时可以直接输入切削角度。

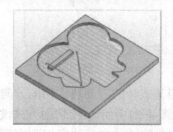
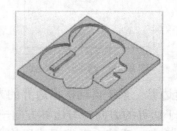

图 4-35　自动方式设定切削角　　　　　图 4-36　指定方式设定切削角

（3）最长的线　由系统评估每个切削方向所能达到的切削的最大长度，然后以最长的切削路径方向作为切削角，如图 4-37 所示。

（4）矢量　由用户指定一个矢量方向作为切削角度，如图 4-38 所示。

图 4-37　最长的线方式设定切削角　　　图 4-38　矢量定义切削角

4. 壁清理

在平面铣中，采用单向切削、往复切削以及单向轮廓切削方法时，通过壁清理功能可以清理零件壁或岛屿壁上的残留材料。该功能通过在切削完每一个切削层后插入一个轮廓铣轨迹来完成操作。使用平行方式进行加工时，在零件的侧壁上会有较大的残余量，而使用轮廓切削的方式可以切削这一部分的残余量，以使轮廓周边保持比较均匀的余量。【壁清理】下拉列表中有【无】、【在起点】、【在终点】3 个选项。

（1）无　不进行周壁清理。在【壁清理】中选择【无】，切削完毕后工件周围壁上会留有残余材料。

（2）在起点　刀具在切削每一层前，先进行沿周边的清壁加工，然后再做型腔内部的铣削，如图 4-39 所示。

（3）在终点　刀具在切削每一层时，先做型腔内部的平行铣削，最后进行沿周边的清壁加工，如图 4-40 所示。

 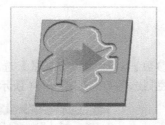

图 4-39　在起点方式的壁清理　　　　　图 4-40　在终点方式的壁清理

5. 精加工刀路

精加工刀路是刀具在完成主切削刀轨后，最后再增加的精加工刀轨。在这个轨迹中，刀具环绕着边界和所有的岛屿生成一个轮廓轨迹。这个轨迹只在底面的切削平面上生成，可以使用【余量】选项为这个轨迹指定余量值。精加工刀路数设置如图 4-41 所示。

图 4-41　设置精加工刀路数

精加工刀路与轮廓铣削中的附加刀轨不一样，它只产生在加工底面一层的加工，同时它适用于各种加工方式。

6. 毛坯距离

【毛坯距离】选项如图 4-42 所示。毛坯距离定义要去除的材料厚度，产生毛坯几何体，如图 4-43 所示。

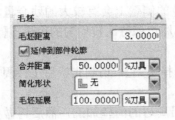

图 4-42　【毛坯距离】选项　　　　　图 4-43　设定毛坯距离

（1）延伸到部件轮廓　将切削刀路的末端延伸到部件边界。

（2）合并距离　当它的最大值大于刀路的断开距离时，刀路就自动连接起来，不做抬刀运动。

7. 余量

在【切削参数】对话框的【余量】选项卡下，给出了当前操作后材料的保留量和各种边界的偏移量、控制选项等，如图 4-44 所示。

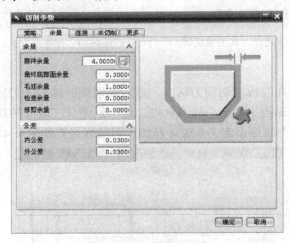

图 4-44　【余量】选项卡

（1）部件余量　用于设置在平面铣削结束后，留在零件表面上的余量值。在数控加工中，通常在粗加工或半精加工时留出一定部件余量以做精加工用。

（2）最终底部面余量　用于设置本操作结束时，工件底面和岛屿顶面剩余的材料余量。

（3）毛坯余量　切削时刀具离开毛坯几何体的距离，主要应用于有着相切情形的毛坯边界。

（4）检查余量　用于设置刀具切削过程中，刀具与已定义的检查边界之间的最小距离。

（5）修剪余量　用于设置刀具切削过程中，刀具与已定义的修剪边界之间的最小距离。

（6）公差　公差定义了刀具偏离实际零件的允许范围，包括内公差和外公差两项。公差越小，则切削越准确，从而产生的轮廓越光顺。内公差设置刀具切削切入零件时的最大偏距；外公差则设置刀具切削零件离开零件时的最大偏距，也称为切出公差。在实际加工时，应根据工艺要求给定加工精度，这里不再赘述。

8. 区域排序

在【连接】选项卡下单击【切削顺序】，系统会弹出【区域排序】选项。该选项为多区域加工指定不同切削区的加工顺序。【区域排序】选项提供了标准、优化、跟随起点、跟随预钻点 4 种指定方式，如图 4-45 所示。

（1）标准　系统根据所选择边界的次序决定切削区域的加工顺序，如图 4-46 所示。

（2）优化　系统根据最有效的加工时间自动决定各切削区域的加工顺序，如图 4-47 所示。

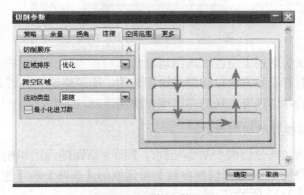

图 4-45　连接参数设定

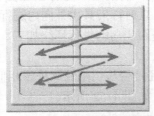

图 4-46　标准方式的区域排序

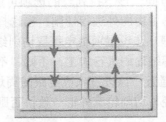

图 4-47　优化方式的区域排序

（3）跟随起点　根据切削区域起点的顺序，决定各切削区域的加工顺序，如图 4-48 所示。

（4）跟随预钻点　根据不同切削区域中指定的预钻孔下刀点位置的选择顺序，决定各切削区域的加工顺序，如图 4-49 所示。

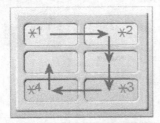

图 4-48　跟随起点方式的区域排序

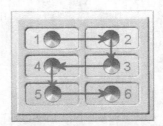

图 4-49　跟随预钻点方式的区域排序

9. 跨空区域

跨空区域指跨过空间指定刀具在切削时遇到空隙时的处理方法，包括跟随、切削、移刀 3 种方式。为使系统识别跨空区域，加工区域必须是封闭的腔体或者空。各方式的效果如图 4-50 所示。

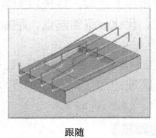 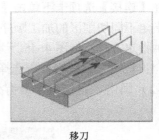

图 4-50　跨空区域的不同方式

（1）跟随　刀具在切削层上空区域周围运动。

（2）切削　刀路沿着切削方向以切削进给率运动。即忽略跨空区域。

（3）移刀　刀路沿着切削方向在跨空区域做快速运动。

10. 跟随周边切削模式的切削参数

不同切削模式的绝大部分切削参数都相同，下面介绍跟随周边切削模式所特有的切削参数。当切削模式为 跟随周边 时，在【切削参数】对话框的【策略】和【更多】选项卡下，将有一些特有的参数，如图 4-51 所示。

（1）刀路方向　该下拉列表的选项可以确定刀具在切削区域内的运动顺序。当选择【向外】项时，刀具由内向外进行切削；当选择【向内】项时，刀具由外向内进行切削。

（2）岛清理　该设置项决定每层切削结束时，是否绕岛屿进行环绕加工。勾选该复选框，每层加工结束环绕岛屿进行加工；否则，不进行加工。

（3）边界逼近　该设置项决定跟随周边刀具路径是否与切削轮廓外形相似。勾选该复选框，则刀具路径与切削轮廓外形一致；否则不一致，如图 4-52 所示。

88

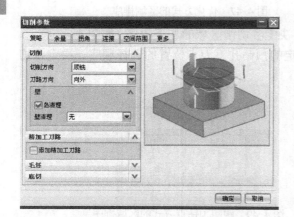
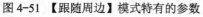

图 4-51　【跟随周边】模式特有的参数

图 4-52　【边界逼近】选项作用效果

11. 跟随部件切削模式的切削参数

当切削模式选为 跟随部件 时，有 4 项特有的设置参数，如图 4-53 所示。

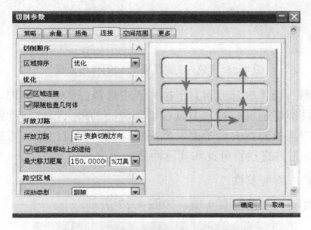

图 4-53　【跟随部件】模式特有的参数

（1）区域连接　用来设置在同一切削深度、不同切削区域间是否抬刀。勾选该复选框，则不同切削区域间不抬刀，否则不同切削区域进行切削时抬刀，如图 4-54 所示。

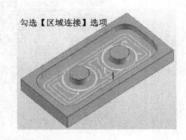

图 4-54　【区域连接】选项作用效果

（2）跟随检查几何体　用来设置刀具路径是否沿检查几何体进给。勾选与不勾选该复选框作用，如图 4-55 所示。

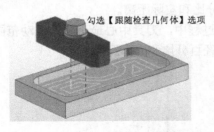
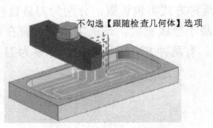

图 4-55　【跟随检查几何体】选项作用效果

（3）放开刀路　设置放开刀路的进给方式（刀具路径不封闭时的进给方式）。有两个选项可以选择，分别为保持切削方向和变换切削方向，选择不同的选项作用如图 4-56 所示。

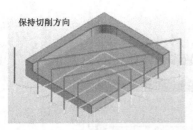 保持切削方向

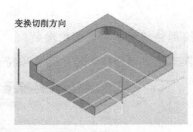 变换切削方向

图 4-56　【放开刀路】各选项的作用效果

（4）最大移刀距离　当【放开刀路】下拉列表中选择 ⇄ 变换切削方向 时，将激活该设置项。此设置项用来设置刀具不切削材料时，刀具在切削表面的最大横向移动距离。当需要移动距离大于该数值时，则刀具抬刀到安全平面，然后移动到下刀点位置，重新下刀进行切削。设置方式有两种，分别为刀具直径百分比和实际距离。

12. 摆线切削模式的切削参数

摆线切削模式特有的切削参数有 4 项，如图 4-57 所示。

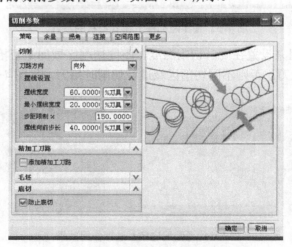

图 4-57　摆线切削模式特有的参数

（1）摆线宽度　该选项用来设置在切削过程中，刀具中心最大横向运动范围，如图 4-58 所示。有两种方式可供设置，分别为刀具直径百分比和实际距离。

（2）最小摆线宽度。该选项用来设置在切削过程中，刀具中心最小横向运动范围，如图 4-59 所示。有两种方式可供设置，分别为刀具直径百分比和实际距离。

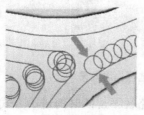 

图 4-58　摆线宽度示意　　　　　　图 4-59　最小摆线宽度示意

（3）步距限制　该选项用来限制相邻两个摆线间的最小距离，如图 4-60 所示。

（4）摆线向前步长。该选项用来设置刀具摆动切削过程中每次的前进距离，如图 4-61 所示。有两种方式可供设置，分别为刀具直径百分比和实际距离。

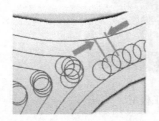

图 4-60　步距限制示意

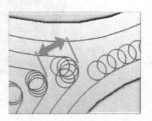

图 4-61　摆线向前步长示意

13. 标准驱动切削模式的切削参数

当切削模式为 ◻ 标准驱动 时，特有的切削参数如图 4-62 所示。

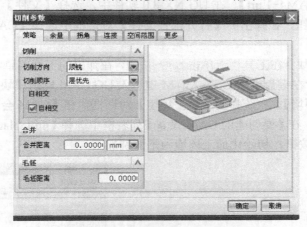

图 4-62　标准驱动模式特有的参数

自相交：勾选该选项，则允许刀具路径在每个封闭外形上都自相交，如图 4-63 所示。

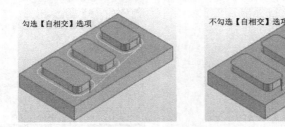

图 4-63　【自相交】作用示意

4.6　平面铣加工实例

本实例将通过一个蝴蝶型零件来介绍在 UG CAM 中进行平面铣加工的详细操作方法。通过操作内容的学习，进一步熟悉平面铣参数的设定流程和设置方法。待加工部件如图 4-64 所示。

91

图 4-64 平面铣加工模型

1. 导入主模型

1）启动 UG NX 8.0 软件。直接双击 NX 8.0 图标或在【开始】→【程序】中找到 NX 8.0 按钮单击。

2）打开部件【CAM4-1.prt】。在 UG NX 8.0 软件中，选择【文件】→【打开】菜单，或在工具栏上单击 按钮，在弹出的【打开部件文件】对话框中选择【CAM4-1.prt】文件，单击 OK 按钮。

3）进入 CAM 模块。在工具栏上单击 开始·按钮，在弹出的下拉菜单中选择【加工】菜单，如图 4-65 所示；或者在键盘上按 Ctrl +Alt+M 键进入 UG CAM 制造模块。

4）设置【加工环境】。系统弹出【加工环境】对话框，在【CAM 会话配置】列表中选择【cam_general】选项。在【要创建的 CAM 设置】列表框中选择【mill_planar】选项，如图 4-66 所示，单击 初始化 按钮，初始化加工环境为平面铣加工。

图 4-65 进入 CAM 模块

图 4-66 加工环境初始化为平面铣加工

2. 创建刀具

1）创建刀具。在工具栏中单击加工创建工具条中的 按钮，将弹出【创建刀具】对话框，如图 4-67 所示。在【类型】的下拉列表中选择【mill_planar】选项；在【刀具子类型】中单击 （MILL）按钮设置刀具的类型；在【名称】文本框中输入 MILL_30 作为刀具的名称；其他参数采用默认设置。单击 确定 按钮完成刀具参数的设置。

2）设定刀具参数。系统弹出【铣刀-5 参数】对话框，在【尺寸】的【（D）直径】文本框中输入 30.0000；在【刀刃】文本框中输入 2；在【数字】的【刀具号】文本框中输入 1；在【长度调整】文本框中输入 0；在【刀具补偿】文本框中输入 0，如图 4-68 所示。此时可以在 UG CAM 的主视区预览所创建刀具的外形，如图 4-69 所示。在对话框中单击 确定 按钮完成刀具的参数设置。

图 4-67　创建刀具的名称和类型

图 4-68　设置刀具参数

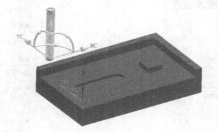

图 4-69　预览刀具外形

3. 设置加工坐标系

1）进入 MCS。在 UG CAM 主界面左侧的导航栏中单击 （操作导航器）按钮，打开【操作导航器】对话框，然后在该对话框内的空白处单击鼠标右键，在弹出的快捷菜单中选择【几何视图】子菜单项，此时显示内容如图 4-70 所示。

图 4-70　几何视图方式

2）选择设定方法。在【操作导航器】内的 MCS_MILL （铣削加工坐标系）图标上双击鼠标左键或单击鼠标右键，在弹出的快捷菜单中选择【编辑】子菜单项，此时系统将打开【Mill_Orient】对话框，如图4-71所示。在【机床坐标系】中单击 图标，在弹出的下拉列表中单击 （原点）项，然后单击 （CSYS 对话框）按钮，此时系统弹出【CSYS】对话框，如图4-72所示。

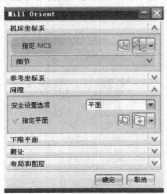

图 4-71　【Mill_Orient】对话框

图 4-72　【CSYS】对话框

3）指定 MCS。在【CSYS】对话框中单击 （点构造器）按钮，系统弹出图4-73所示的【点】对话框。在该对话框的【坐标】下设置 X、Y、Z 的值均为0，然后单击 确定 按钮。分别在【CSYS】对话框和【Mill_Orient】对话框中单击 确定 按钮，完成坐标系原点设置。

4.　设定加工几何体

1）进入加工几何体操作。在【操作导航器】内的 WORKPIECE（工件毛坯）图标上双击鼠标左键或单击鼠标右键，在弹出的快捷菜单中选择【编辑】子菜单项，此时系统弹出【Mill_Geom】对话框，如图4-74所示。

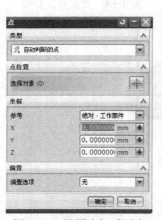

图 4-73　设置坐标系原点

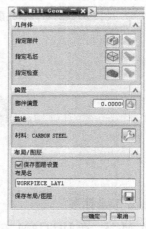

图 4-74　【Mill_Geom】对话框

2）指定加工部件。在【Mill_Geom】对话框中单击 （指定部件）按钮，此时系统弹出【部件几何体】对话框，如图4-75所示。在UG CAM 主视区中选择图中的实体，然后单击 确定 按钮。

3）设定毛坯。在【Mill_Geom】对话框中，单击 （指定毛坯）按钮，此时系统弹出【毛坯几何体】对话框，如图 4-76 所示。在【类型】栏中选择【包容块】项；在【ZM+】文本框中输入 0.5000，其他的设置内容采用默认值。单击 确定 按钮，然后在【Mill_Geom】对话框中单击 确定 按钮。

图 4-75　【部件几何体】对话框

图 4-76　【毛坯几何体】对话框

5. 创建方法

1）开始创建方法。在加工创建工具条中单击 按钮，此时系统弹出【创建方法】对话框，如图 4-77 所示。在【方法】右边的下拉列表中选择【MILL_ROUGH】，然后在【名称】下的文本框中输入 M_rough，单击 确定 按钮。

2）设定余量。此时系统弹出【Mill_Method】对话框，如图 4-78 所示。在【部件余量】文本框中输入 0.4500，其他参数采用默认设置值，单击 确定 按钮。

图 4-77　【创建方法】对话框

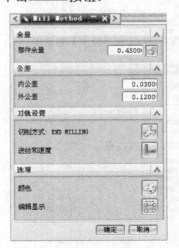

图 4-78　【Mill_Method】对话框

6. 创建操作

1）开始创建操作。在加工创建工具条中单击 按钮，此时系统弹出【创建操作】对话框，如图 4-79 所示。在【类型】下拉列表中选择【mill_planar】选项；在【操作子类型】中单击 （平面铣）按钮；在【位置】的【程序】下拉列表中选择【NC_PROGRAM】选项，在【刀具】

下拉列表中选择第 2 步创建的刀具【MILL_15】选项，在【几何体】下拉列表中选择【WORKPIECE】选项，在【方法】下拉列表中选择第 4 步创建的【M_ROUGH】选项；在【名称】下的文本框中输入 PLANAR_MILL_1。设置完毕后，单击 确定 按钮。

2）进入平面铣操作。系统自动弹出【平面铣】对话框，如图 4-80 所示。在【几何体】中单击 （指定部件边界）按钮，此时系统弹出【边界几何体】对话框。

3）设定加工部件边界。在图 4-81 所示的【边界几何体】对话框中的【模式】右侧的下拉列表中选择【面】选项，设置【材料侧】为【内部】，然后直接选取要加工的面。单击 确定 按钮完成设置，如图 4-82 所示。

图 4-79 【创建操作】对话框

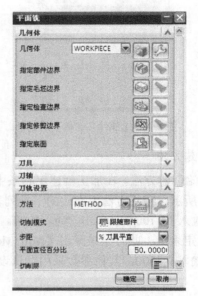

图 4-80 【平面铣】对话框

图 4-81 【边界几何体】对话框

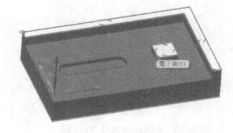

图 4-82 选取加工面

4）指定底面。在弹出的【平面铣】对话框的【几何体】中单击 （指定底面）按钮，此时系统弹出【平面】对话框，如图 4-83 所示。选择平面作为加工底面，如图 4-84 所示。默认偏置距离为 0，完成后单击 确定 按钮。

图 4-83　【平面】对话框

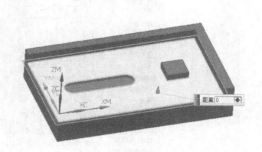

图 4-84　选取铣削底面

5）设定切削模式。在【平面铣】对话框【刀轨设置】的【方法】下拉列表中选择先前创建的【MILL_ROUCH】项；在【切削模式】下拉列表中选择【跟随部件】项。

6）设定步进。在【步距】下拉列表中选择【%刀具平直】项；在【平面直径百分比】文本框中输入 50.0000，设置效果如图 4-85 所示。

图 4-85　刀轨参数设置

7）设定进刀与退刀方法。在【平面铣】对话框的【刀轨设置】下单击 （非切削移动）按钮，此时系统弹出【非切削移动】对话框，如图 4-86 所示。选择【进刀】选项卡，在【封闭的区域】的【进刀类型】下拉列表中选择【插铣】项，在【高度】文本框中输入 3.0000；在【开放区域】下设置【线性】进刀类型，其他采用系统默认参数。在【非切削移动】对话框中选择【退刀】选项卡，在【退刀】的【退刀类型】下拉列表中选择【与进刀相同】项，单击 确定 按钮完成设置。

97

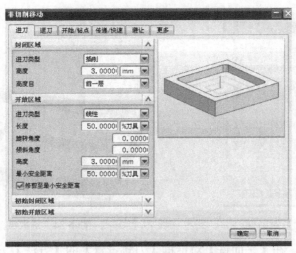

图 4-86　【非切削移动】对话框

8）设定安全平面。在【非切削移动】对话框中选择【传递/快速】选项卡，在【间隙】的【安全设置选项】下拉列表中选择【平面】项，然后单击█（指定平面）按钮，如图 4-87 所示。

图 4-87　安全设置选项

此时系统自动弹出【平面】对话框，在【距离】文本框中输入 100，如图 4-88 所示。然后在 UG CAM 主视区选择图 4-89 所示的平面作为安全平面，然后在【平面】对话框中单击█确定█按钮。

图 4-88　【平面】对话框

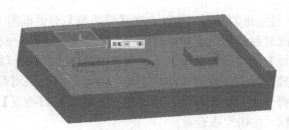

图 4-89　选取安全平面

9）设定刀具在【区域内】和【区域之间】的刀具运行方法。在【区域内】和【区域之间】中，在【传递使用】下拉列表中选择【进刀/退刀】项；在【传递类型】下拉列表中选择【安全设置】项，然后单击 确定 按钮。

10）设定加工余量。在【平面铣】对话框中的【刀轨设置】中单击 【切削参数】，此时系统弹出【切削参数】对话框，如图 4-90 所示。在【余量】选项下的【最终底面余量】文本框中输入 0.3000；设置完毕后单击 确定 按钮。

11）设定连接方法。在【连接】选项卡下的【开放刀路】选项的【开放刀路】下拉列表中选择【变换切削方向】选项，如图 4-91 所示。设置完毕后单击 确定 按钮。

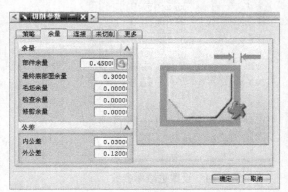

图 4-90 设置最终底面余量

图 4-91 设置开放刀路

12）设定切削深度。在【平面铣】对话框中的【刀轨设置】中单击 （切削层）按钮，此时系统弹出【切削层】对话框。在【类型】下拉列表中选择【恒定】项，然后在【每刀深度】选项的【公共】文本框中输入 1.0000，在【Critical Depths】选项下勾选【临界深度顶面切削】项。设置的效果如图 4-92 所示，单击 确定 按钮。

图 4-92 设置切削深度参数

13）设定进给率。在【平面铣】对话框中的【刀轨设置】中单击 （进给和速度）按钮，此时系统弹出【进给】对话框。单击【主轴速度】选项，此时展开关于主轴设置的项，在【主轴速度】文本框中输入 3000.0，如图 4-93 所示；单击【进给率】选项，此时将展开关于进给率的设置项，设置各项参数如图 4-94 所示，单击 确定 按钮完成设置。

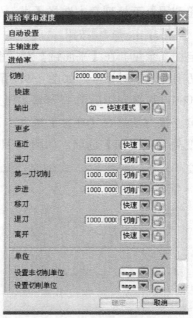

图 4-93 设置主轴速度   图 4-94 设置进给率参数

7. 生成刀轨

1）生成刀轨。各种参数设置完毕后，在【平面铣】对话框的【操作】下单击 （生成）按钮，生成刀具路径如图 4-95 所示。

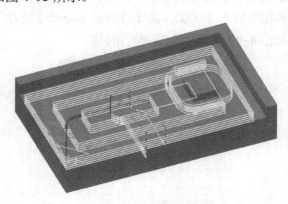

图 4-95 生成刀具路径

2）验证刀轨。在【平面铣】对话框下面单击 （确认）按钮，进行可视化仿真。此时系统弹出【刀轨可视化】对话框，如图 4-96 所示。单击【3D 动态】选项卡，然后单击 （播放）按钮，即可进行刀具路径可视化验证，如图 4-97 所示。可视化仿真加工结束，经验证刀具路径无误后，在【刀轨可视化】对话框中单击 确定 按钮，然后在【平面铣】对话框中单击 确定 按钮。

图 4-96　【刀轨可视化】对话框

图 4-97　可视化验证刀轨

8. 后置处理

1）在【操作导航器】中选中创建的操作，然后在 UG CAM 工具栏上单击 按钮；或者在该操作上单击鼠标右键，在弹出的快捷菜单中选择【后处理】项，系统弹出【后处理】对话框，如图 4-98 所示。

2）在【后处理】对话框的【后处理器】下拉列表中选择【MILL_3_AXIS】项，在【输出文件】的【文件名】中，设置要保存的 G 代码文件路径和名称，然后单击 确定 按钮，创建的 G 代码【信息】对话框如图 4-99 所示。

3）可以在【信息】对话框中将 G 代码保存到其他位置，操作与 Windows 界面下的操作相同，这里不再赘述。

图 4-98　【后处理】对话框

```
N0010 G40 G17 G90 G70
N0020 G91 G28 Z0.0
:0030 T01 M06
N0040 G1 G90 X.836 Y-.3372 Z4.7244 F102.4 S2300 M03 M08
N0050 Z.1358 F51.2
N0060 G3 X.4114 Y-.5502 Z-.0217 I-.1586 J-.213 K.0712 F35.4
N0070 G1 Y-.689 F55.1
N0080 X.689
N0090 Y-.4114
N0100 X.4114
N0110 Y-.5502
N0120 X.1161
N0130 Y-.9843 F98.4
N0140 X.9843
N0150 Y-.1161
N0160 X.1161
N0170 Y-.5502
N0180 X-.1791 F55.1
```

图 4-99　G 代码【信息】对话框

至此，平面铣加工操作完毕。

第5章 面 铣 削

内容提要：主要介绍 UG 8.0 CAM 中的面铣削加工操作，包括面铣削加工的创建、操作参数的设置、面铣削的特点等。还介绍了适合于面铣削加工的典型实例。

重点掌握：面铣削切削模式的应用方法。

5.1 面铣削介绍

5.1.1 面铣削概述

面铣削适合加工实体上相对简单的表面，当用户选择表面后，系统将自动识别几何形状，确定切削区域。用户可以通过直接选择需要加工的表面来指定面几何体，也可以通过选择已经存在的曲线和边来指定面几何体，还可以通过指定一系列的点来指定面几何体。指定面几何体后，系统自动识别边界。适合于面铣削加工的典型零件如图 5-1 所示。

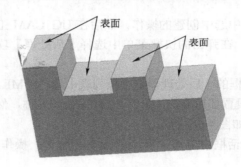

图 5-1 面铣削典型零件

5.1.2 面铣削的特点

使用面铣削有以下几个优点：

1）交互操作非常简单，用户只需选择所要加工零件的面，指定各加工面的顶部移除的余量即可。

2）被加工零件区域相互靠近且高度也相同时，就可以一起加工，这样软件就自动消除了一些进刀、退刀的程序，节约了时间。合并区域会生成最有效简洁的刀路。

3）面铣削提供了描述需要从所选面顶部移除余量的一种快速而简单的方法，余量设置时，从所加工零件表面以上到零件最顶部，轻松指定所加工区域。

4）创建区域时，软件会将指定加工面的实体部分作为部件几何体，如果实体被选为部件，用户可以使用过切检查来避免出现过切刀路。

5）跨空区域切削时，用户可以使刀具保持切削状态，无需执行任何抬刀操作。

5.2　面铣削的创建方法

通过在插入工具条中单击【创建工序】按钮，创建一个面铣削操作，具体如下：

1）在插入工具条中单击【创建工序】按钮，打开【创建工序】对话框，系统提示选择类型、子类型、位置，并指定操作名称，如图 5-2 所示。

2）在【创建工序】对话框的【类型】下拉列表中选择【mill_planar】选项，再选择【工序子类型】。

3）在【程序】、【刀具】、【几何体】和【方法】下拉列表中分别做出需要的选择，最后在【名称】文本框中输入名称。

4）完成上述操作后，在【创建工序】对话框中单击【确定】按钮，打开【面铣削区域】对话框，如图 5-3 所示。系统提示用户指定参数。

5）在【几何体】选项中，指定面铣削的【几何体】，【指定部件】、【指定切削区域】、【指定壁几何体】、【指定检查体】等。

6）在【刀轨设置】选项中，指定面铣削的【方法】、【切削模式】、【步距】、【进给率和速度】等。

7）在【选项】中设置刀具轨迹的显示参数。如刀具颜色、轨迹颜色、显示速度等。

8）单击【操作】选项中的【生成】按钮，生成刀具轨迹。

9）单击 确定 按钮，验证被加工零件是否产生了过切、有无剩余材料等。至此完成操作。

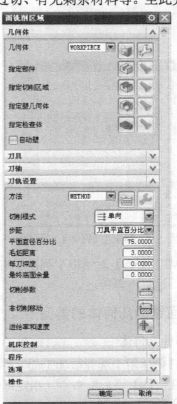

图 5-2　创建面铣削　　　　　　　　　　图 5-3　【面铣削区域】对话框

5.3　面铣削子类型

面铣削加工有三种操作子类型，分别为 (面铣削区域)、 (平面铣) 和 (手动面铣削) 等，在加工时，读者可根据需要选择较为方便的操作方式。

【FACE_MILLING_AREA】(面铣削区域)：面铣削区域操作方式可以通过切削区域来定义加工范围。

【FACE_MILLING】(平面铣)：通过指定加工部件，用边界的方式定义切削区域。

【FACE_MILLING_MANUAL】(手动面铣削)：手动面铣削操作方式在生成刀具路径时，可以为每个加工面或加工层定义切削方式。

5.4　面铣削几何体

5.4.1　新建几何体

在 UG CAM 主界面的加工创建工具条中单击 按钮，系统自动弹出【创建几何体】对话框，如图 5-4 所示。在【几何子类型】中单击 (Mill_Area) 按钮，然后在【名称】文本框中输入几何体名称，单击 确定 按钮，此时系统弹出【Mill_Area】对话框，如图 5-5 所示。

图 5-4　【创建几何体】对话框

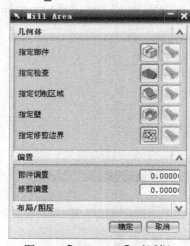

图 5-5　【Mill_Area】对话框

在【Mill_Area】对话框中列出了可以创建的几何体对象。各种几何体的创建方法在前面已经讲述，这里不再赘述。

5.4.2　面铣削几何体的类型

1. 部件几何体

部件几何体用于选择被加工的零件模型，也是铣削加工的最终产品。在【Mill_Area】对话框的【几何体】下，单击 (指定部件) 按钮，此时系统自动弹出【部件几何体】对话框，如图 5-6 所示。

2. 切削区域几何体

切削区域几何体用来定义工件几何体上用来加工的部分。在【Mill_Area】对话框的【几何体】下，单击 （指定切削区域）按钮，系统弹出【切削区域】对话框，如图 5-7 所示。【切削区域】对话框中各选项与【部件几何体】对话框中各选项大致相同，这里不再赘述。

图 5-6　【部件几何体】对话框　　　　　图 5-7　【切削区域】对话框

3. 壁几何体

壁几何体用来设置工件或切削区域的壁面位置，并为它指定壁余量，以防止加工过程中擦伤壁面几何体。

在【Mill_Area】对话框的【几何体】下，单击 （指定壁）按钮，此时系统弹出【壁几何体】对话框，如图 5-8 所示。【壁几何体】对话框中各选项也与【部件几何体】对话框各选项大致相同，这里不再赘述。

4. 检查几何体

检查几何体用来定义表示工装夹具的封闭边界。

在【Mill_Area】对话框的【几何体】下单击 （指定检查）按钮，系统自动弹出【检查几何体】对话框，如图 5-9 所示。【检查几何体】对话框与【工件几何体】对话框中各选项完全一致，这里不再赘述。

图 5-8　【壁几何体】对话框　　　　　图 5-9　【检查几何体】对话框

105

5．指定修剪边界

检查边界同检查几何体一样用来定义表示工装夹具的封闭边界，所有检查的边界与刀具边缘相切，边界的方向表示材料在其内还是在其外，检查边界的法向必须和刀轴平行。

在【Mill_Area】对话框的【几何体】下，单击 （修剪边界）按钮，系统自动弹出【修剪边界】对话框，如图 5-10 所示。该对话框中的设置项与第 4 章中的检查边界定义方式相似，这里不再赘述。

图 5-10　【修剪边界】对话框

5.5　面铣削的参数设置

5.5.1　面铣削的操作参数

1．混合切削模式

面铣削同平面铣切削一样有很多切削模式，且很多切削模式的设置参数都相同，这里不再做过多介绍。下面仅对面铣削所特有的混合切削模式进行介绍。

在【面铣削区域】对话框【刀轨设置】的【切削模式】下拉列表中，选择【混合】项，如图 5-11 所示。在其他加工参数设置完毕后，在【操作】选项中单击（生成）按钮，系统弹出【区域切削模式】对话框，如图 5-12 所示。此切削方式有一个特点，即可以为每个切削区域指定切削方式。

图 5-11　设置混合切削模式

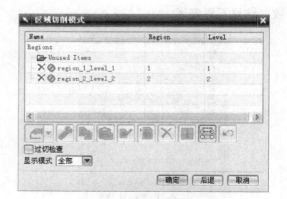

图 5-12　【区域切削模式】对话框

2. 面铣切削深度

面铣削的每层切削深度由三个参数共同决定，分别为毛坯距离、每一刀的深度、最终底部面余量 3 个选项。

若毛坯距离为 H、每一刀的深度为 h、最终底面余量为 f、切削层数为 N，则需要满足如下关系式：

$$(H-f) / N \leqslant h$$

其中，N 为自然数。

5.5.2 面铣削的切削参数

面铣削的切削参数很多都与平面铣切削参数相同，下面仅就平面铣削中没有的切削参数进行介绍。

1. 毛坯延展

在【面铣削区域】对话框的【刀轨设置】下单击 ⟶（切削参数）按钮，此时系统弹出【切削参数】对话框，如图 5-13 所示。在该对话框的【策略】选项卡下的【毛坯】选项，通过设置【毛坯延展】的值，可以控制刀具沿切削面边界延伸的距离。

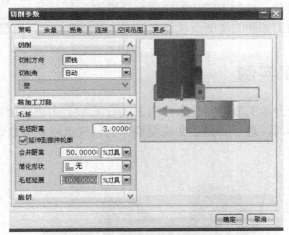

图 5-13 毛坯延展示意

2. 防止底切

在【策略】选项卡下的【底切】选项，选中【防止底切】项前面的复选框，则可以控制切削过程中加工底部时，顶部切削过的位置不发生过切，系统自动进行过切检查，如图 5-14 所示。

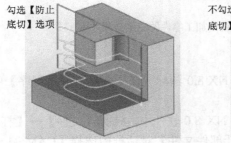
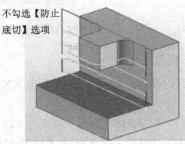

图 5-14 防止底切示意

3. 面铣削余量设置

在面铣削操作里面，余量的设置殊于其他铣操作，如图5-15所示。

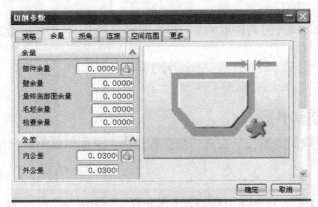

图5-15　面铣削余量设置

（1）壁余量　被加工零件侧壁的余量设定。

（2）最终底部面余量　被加工零件的底面余量设定。

面铣削操作把被加工部件的侧壁余量和底部面余量分开设定，方便了用户操作。

5.6　面铣削加工实例

本实例将通过一个开放的型腔零件来介绍在 UG CAM 中进行面铣削加工的详细操作方法。通过操作内容的学习，进一步熟悉面铣削操作的创建流程和参数设置。被加工零件的三维效果如图5-16所示。

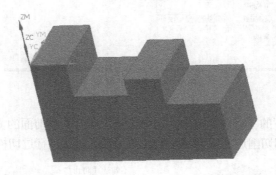

图5-16　面铣削加工零件的三维效果

1. 导入主模型

1）启动 UG NX 8.0 软件。直接双击 NX 8.0 图标或在【开始】→【程序】中找到 NX 8.0 按钮单击。

2）打开部件【CAM5-1.prt】。在 UG NX 8.0 软件中，选择【文件】→【打开】菜单，或在工具栏上单击 ² 按钮，在弹出的【打开部件文件】对话框中选择【CAM5-1.prt】文件，单

击 <u>　OK　</u> 按钮。

3）进入 CAM 模块。在工具栏上单击  按钮，在弹出的下拉菜单中选择【加工】菜单，如图 5-17 所示，或者在键盘上按 Ctrl+Alt+M 键进入 UG CAM 制造模块。

4）设置【加工环境】。系统弹出【加工环境】对话框，如图 5-18 所示，在【CAM 会话配置】列表中选择【cam_general】选项；在【要创建的 CAM 设置】列表框中选择【mill_planar】选项，单击 <u>　初始化　</u> 按钮，初始化加工环境为面铣削加工。

图 5-17　进入 CAM 模块

图 5-18　加工环境初始化面铣削

2. 创建刀具

1）创建刀具。在工具栏中单击加工创建工具条中的 按钮，弹出【创建刀具】对话框，如图 5-19 所示。在【类型】的下拉列表中选择【mill_planar】选项；在【刀具子类型】中单击 （MILL）按钮设置刀具的类型；在【名称】文本框中输入 MILL_10 作为刀具的名称；其他参数采用默认设置。单击 <u>　确定　</u> 按钮，完成刀具参数的设置。

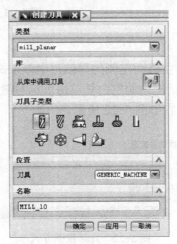

图 5-19　创建刀具名称和类型

2）设定刀具参数。系统弹出【铣刀-5 参数】对话框，在【尺寸】的【（D）直径】文本框中输入 10，在【刀刃】文本框中输入 2；在【编号】的【刀具号】文本框中输入 1，在【补偿寄存器】文本框中输入 1，在【刀具补偿寄存器】文本框中输入 1，如图 5-20 所示。此时可在 UG CAM 的主视区预览所创建的刀具的外形，如图 5-21 所示。在【铣刀-5 参数】对话框中单击 确定 按钮，完成刀具的参数设置。

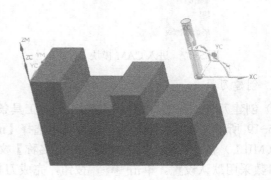

图 5-20　设置刀具参数　　　　　　　　　图 5-21　预览刀具外形

3.　设置加工坐标系

1）进入 MCS。在 UG CAM 主界面左侧的导航栏中单击 （操作导航器）按钮，打开【操作导航器】对话框，然后在该对话框内的空白处单击鼠标右键，在弹出的快捷菜单中选择【几何视图】子菜单项，此时显示内容如图 5-22 所示。

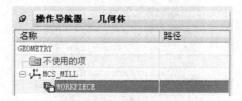

图 5-22　几何视图方式

2）选择设定方法。在【操作导航器】内的 $\overset{\text{MCS\_MILL}}{}$（铣削加工坐标系）图标上双击鼠标左键或单击鼠标右键，在弹出的快捷菜单中选择【编辑】子菜单项，此时系统打开【Mill_Orient】对话框，如图 5-23 所示。在【机床坐标系】下单击 图标，在弹出的下拉列表中单击 （原点）项，然后单击 （CSYS 对话框）按钮，此时系统弹出【CSYS】对话框，如图 5-24 所示。

图 5-23　【Mill_Orient】对话框　　　　　图 5-24　【CSYS】对话框

3）指定 MCS。在【CSYS】对话框中单击 （点构造器）按钮，系统弹出图 5-25 所示的【点】对话框。在该对话框的【坐标】选项，设置 X、Y、Z 的值均为 0，然后单击 确定 按钮。分别在【CSYS】对话框和【Mill_Orient】对话框中单击 确定 按钮，完成坐标系原点的设置。

图 5-25　设置坐标系原点

4. 设定加工几何体

1）进入加工几何体操作。在【操作导航器】内的 $\overset{\text{WORKPIECE}}{}$（工件毛坯）图标上双击鼠标左键或单击鼠标右键，在弹出的快捷菜单中选择【编辑】子菜单项，此时系统弹出【Mill_Geom】对话框，如图 5-26 所示。

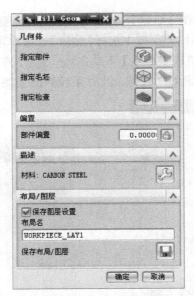

图 5-26 【Mill_Geom】对话框

2）指定加工部件。在【Mill_Geom】对话框中单击 (指定部件)按钮，此时系统弹出【部件几何体】对话框，如图 5-27 所示。在 UG CAM 主视区中选择图中的实体，然后单击 确定 按钮。

3）设置毛坯。在【Mill_Geom】对话框中，单击 (指定毛坯)按钮，此时系统弹出【毛坯几何体】对话框，如图 5-28 所示。在【类型】中选择【包容块】项；在【ZM+】文本框中输入 0.5000，其他的设置内容采用默认值。单击 确定 按钮，然后在【Mill_Geom】对话框中单击 确定 按钮。

图 5-27 【部件几何体】对话框

图 5-28 【毛坯几何体】对话框

5. 创建操作

1）创建操作。在工具栏的加工创建工具条中单击 按钮，此时系统弹出【创建操作】对话框，如图 5-29 所示。在【类型】栏的下拉列表中选择【mill_planar】选项；在【操作子类型】栏中单击 （面铣削区域）按钮；在【位置】的【程序】下拉列表中选择【NC_PROGRAM】选项，在【刀具】下拉列表中选择第 2 步创建的刀具【MILL_10】选项，在【几何体】下拉列表中选择【WORKPIECE】选项，在【方法】下拉列表中选择【MILL_FINISH】选项；在【名称】下的文本框中输入 FACE_MILLING_AREA。设置完毕后，单击 确定 按钮。

2）进入面铣削操作。系统自动弹出【面铣削区域】对话框，如图 5-30 所示。在【几何体】中单击 （切削区域）按钮，此时系统弹出【切削区域】对话框，如图 5-31 所示。

3）指定加工面。进入【切削区域】对话框后直接选取要加工的面，单击 确定 按钮完成设置，如图 5-32 所示。

图 5-29　【创建操作】对话框

图 5-30　【面铣削区域】对话框

图 5-31　【切削区域】对话框

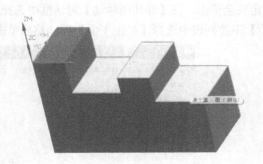

图 5-32　选取加工面

4）设定切削模式。在【面铣削区域】对话框的【刀轨设置】选项中，【切削模式】下拉列表中选择【跟随周边】项，如图 5-33 所示。此项主要用于开粗或精加工底面。

5）设定步距。在【刀轨设置】的【步距】下拉列表选择【刀具平直】项，在【平面直径百分比】文本框中输入 50.0000。

113

6）设定毛坯。在【刀轨设置】的【毛坯距离】项中输入 0.3000，此项用于设定加工面到毛坯面高度方向的距离。

7）设定切削深度。在【刀轨设置】的【每刀深度】项中输入 0.0000，此项用于设定 Z 向切削深度，设为 0，系统会默认铣削至底面。

8）设定进刀与退刀方法。在【面铣削区域】对话框的【刀轨设置】选项中单击 （非切削移动）按钮，此时系统弹出【非切削移动】对话框，如图 5-34 所示。选择【进刀】选项卡，在【封闭区域】的【进刀类型】下拉列表中选择【插铣】项，在【高度】文本框中输入 3.0000；在【开放区域】中参数设置按系统默认。在【非切削移动】对话框中选择【退刀】选项卡，在【退刀】的【退刀类型】下拉列表中选择【与进刀相同】项，单击 确定 按钮完成设置。

图 5-33　刀轨参数设置

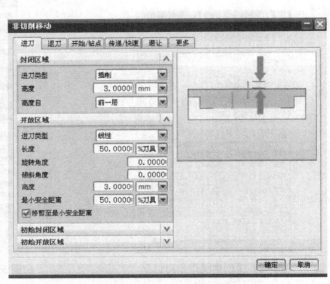

图 5-34　【非切削移动】对话框

9）设定安全平面。在【非切削移动】对话框中选择【传递/快速】选项卡，在【间隙】的【安全设置选项】下拉列表中选择【指定平面】项，然后单击 （指定平面）按钮，如图 5-35 所示。

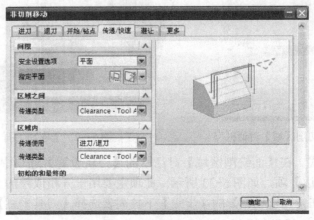

图 5-35　安全设置选项

此时系统自动弹出【平面】对话框，如图 5-36 所示。在【距离】文本框中输入 100，然后在 UG CAM 主视区选择图 5-37 所示的平面作为安全平面，然后在【平面】对话框中单击 确定 按钮。

图 5-36 【平面】对话框

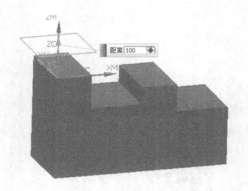

图 5-37 选取安全平面

10）设定刀具在【区域内】和【区域之间】的刀具运行方法。在【区域内】和【区域之间】中，在【传递使用】下拉列表中选择【进刀/退刀】项；在【传递类型】下拉列表中选择【安全设置】项，然后单击 确定 按钮。

11）设定加工余量。在【面铣削区域】对话框中的【刀轨设置】中单击 【切削参数】，此时系统弹出【切削参数】对话框，如图 5-38 所示。在【余量】选项下的【壁余量】文本框中输入 0.3000，设置完毕后单击 确定 按钮。

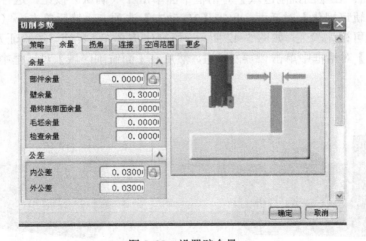

图 5-38 设置壁余量

12）设定进给率。在【面铣削区域】对话框中的【刀轨设置】中单击 （进给和速度）按钮，此时系统弹出【进给和速度】对话框。单击【主轴速度】选项，此时展开关于主轴设置的项，在【主轴速度】文本框中输入 3000.0，设定主轴转速，如图 5-39 所示；单击【进给率】选项，此时展开关于进给率的设置项，设置各项参数如图 5-40 所示，单击 确定 按钮完成设置。

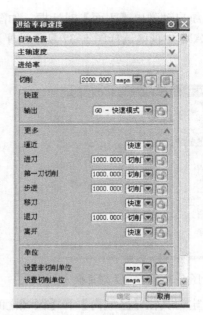

图 5-39　设置主轴速度　　　　　　　　　图 5-40　设置进给率参数

6. 生成刀轨

1）生成刀轨。各种参数设置完毕后，在【面铣削区域】对话框中的【操作】选项下单击 （生成）按钮，生成刀具路径，如图 5-41 所示。

2）验证刀轨。在【面铣削区域】对话框下面单击 （确认）按钮，进行可视化仿真，此时系统弹出【刀轨可视化】对话框。单击【3D 动态】选项卡，然后单击 （播放）按钮，即可进行刀具路径可视化验证，如图 5-42 所示。可视化仿真加工结束，经验证刀具路径无误后，在【刀轨可视化】对话框中单击 确定 按钮，然后在【面铣削区域】对话框中单击 确定 按钮完成设置。

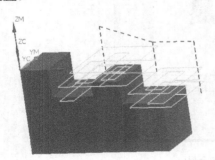

图 5-41　生成刀具路径　　　　　　　　　图 5-42　可验证刀轨

7. 后处理

1）在【操作导航器】中选中创建的操作，然后在 UG CAM 工具栏上单击 按钮；或者在该操作上单击鼠标右键，在弹出的快捷菜单中选择【后处理】项，系统弹出【后处理】对话框，如图 5-43 所示。

图 5-43 【后处理】对话框

2）在【后处理】对话框中的【后处理器】列表中选择【MILL_3_AXIS】项，在【输出文件】下的【文件名】项中，设置要保存的 G 代码文件路径和名称，然后单击 确定 按钮，创建的 G 代码【信息】对话框如图 5-44 所示。

3）读者可以在【信息】对话框中将 G 代码保存到其他位置，操作与 Windows 界面下的操作相同，这里不再赘述。

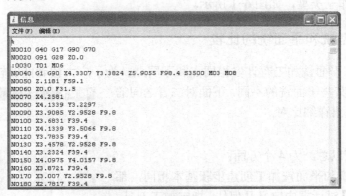

图 5-44 G 代码【信息】对话框

至此，用面铣削完成零件加工。

第6章 型 腔 铣

内容提要: 着重介绍了 mill_contour(轮廓成型铣)中的型腔铣,型腔铣是 CAM 加工中最为常用的操作类型,主要包括型腔铣操作的创建、几何体的类型、特有参数设定等。

重点掌握: 型腔铣的创建方法、型腔铣几何体的应用、切削范围设定、切削参数设定,通过本章所给出的典型加工实例,要全面掌握型腔铣这一 CAM 加工中应用最为广泛的操作类型。

6.1 轮廓成型铣

本章所讲的型腔铣隶属于 mill_contour(轮廓成型铣),我们首先来了解 mill_contour(轮廓成型铣)。

6.1.1 轮廓成型铣概述

mill_contour(轮廓成型铣)是 UG CAM 铣加工最重要的加工手段,是 UG CAM 3 轴铣削加工的模板集。其加工方法非常全面,可对复杂的工件型腔进程粗加工、半精加工、精加工。其共包含 21 种操作子类型,如图 6-1 所示。

6.1.2 轮廓成型铣和平面铣的比较

轮廓成型铣和平面铣加工有许多相同点和不同点。为了广大读者能够较好地掌握轮廓成型铣的特点,区分其与平面铣的不同,下面对二者之间的相同点和不同点做出详细比对。

1. 相同点

相同点大致可以总结为 4 个方面:

1)轮廓成型铣和平面铣加工创建步骤基本相同,都需要在【创建操作】对话框中定义几何体、指定加工刀具、设置导轨参数、生成刀具路径并仿真检验。

2)轮廓成型铣和平面铣加工的刀具轴线都垂直于切削平面,并且在该平面内生成刀具轨迹。

3)轮廓成型铣和平面铣的切削模式基本相同,其他操作模式如步距、切削参数、非切削参数等也基本一致。

4)完成参数设置后,二者生成和验证刀具轨迹的方法也基本一致。

2. 不同点

不同点大致可以总结为 3 个方面:

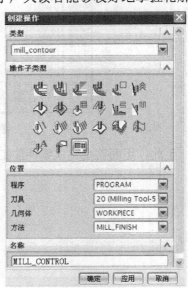

图 6-1 轮廓成型铣操作子类型

1）轮廓成型铣的刀具轴线只需要垂直于切削层平面；平面铣操作的刀具轴线不仅要垂直于切削层平面，还要平行于被加工部件的底面。因此轮廓成型铣可以用来加工零件的侧面与底面不垂直的、或被加工部件底面是曲面的零件。

2）轮廓成型铣可以选择任何几何对象来进行刀路轨迹计算，包括实体、曲面、平面等。而平面铣只能通过定义加工几何体、边界来定义加工对象。

3）轮廓成型铣通过部件几何体和毛坯几何体来定义切削深度，不需要指定底面，但要指定切削区域；而平面铣使用部件边界和底面来确定切削深度，切削区域通过边界控制来确定。

6.1.3　轮廓成型铣子类型

轮廓成型铣主要包括型腔铣、固定轴轮廓铣、插铣、等高轮廓铣等。详细的各操作子类型见表 6-1。

表 6-1　型腔铣操作子类型的含义

子类型	含义
ZLEVEL-PROFILE	深度加工轮廓铣（等高轮廓铣）。基本的 Z 级铣削，用于以平面切削方式对部件或切削区域进行轮廓铣
ZLEVEL-CORNER	深度加工拐角铣（角落等高轮廓铣）。精加工前一刀具因直径和拐角半径关系而无法到达的拐角区域
FIXED-CONTOUR	固定轮廓铣。基本的固定轴曲面轮廓铣操作，用于以各种驱动方式、包容和切削模式轮廓铣部件或切削区域。刀具轴是+ZM。
CONTOUR-AREA	轮廓区域铣。区域铣削驱动，用于以各种切削模式切削选定的面或切削区域。常用于半精加工和精加工
CONTOUR-SURFACE-AREA	轮廓曲面区域铣。默认为曲面区域驱动方法的固定轴铣
STREAMLINE	流线铣
CONTOUR-AREA-NON-STEEP	轮廓区域非陡峭铣。与 CONTOUR__AREA 相同，但只切削非陡峭区域。经常与 ZLEVEL__PROFILE__STEEP 一起使用，以便在精加工切削区域时控制残余波峰
CONTOUR-AREA-DIR-STEEP	轮廓区域方向陡峭铣。区域铣削驱动，用于以切削方向为基础，只切削非陡峭区域。与 COMTOUR__AREA 一起使用，以便通过往复切削来降低残余波峰
FLOWCUT-SINGLE	单刀路清根铣。自动清根驱动方式，清根驱动方法中选择单路径，用于精加工或减轻角及谷
FLOWCUT-MULTIPLE	多刀路清根铣。自动清根驱动方式，清根驱动方法中选择单路径，用于精加工或减轻角及谷
FLOWCUT-REF-TOOL	清根参考刀具铣。自动清根驱动方式，清根驱动方法中选择参考刀路，以前一参考刀具直径为基础的多刀路，用于铣削剩下的角和谷
FLOWCUT-SMOOTH	清根光顺铣。与 FLOWCUT__REF__TOOL 相同，只是平稳进刀、退刀和移刀。用于高速加工
SOLID-PROFILE-3D	实体轮廓 3D 铣。特殊的三维轮廓铣切削类型，其深度取决于边界中的边或曲线。常用于修边
PROFILE-3D	轮廓 3D 铣。特殊的三维轮廓铣切削类型，其深度取决于边界中的边或曲线。常用于修边
CONTOUR-TEXT	轮廓文本铣。切削制图注释中的文字，用于三维雕刻
MULL-USER	自定义。此刀轨由读者自己定制的程序生成
MILL-CONTROL（铣削控制）	它只包含机床控制事件
CAVITT_MILL	型腔铣。型腔铣是最基本的铣加工形式，主要利用实体的表面、片体或曲线定义加工区域
PLUNGE_MILLING	插铣。该铣削方式为两轴联动降速钻削式切削，主要用来快速清除要切削的材料
CORNER_ROUGH	拐角粗加工。用于切削部件拐角处前一刀具的直径和拐角半径关系无法去除剩余材料
REST_MILLING	剩余铣削。该铣削方式用来清除粗加工后剩加工余量较大的部位。通过该方式可以给精加工均匀的加工余量

6.2　型腔铣的创建方法

通过在插入工具条中单击【创建工序】按钮，创建一个型腔铣操作，具体如下：

1）在插入工具条中单击【创建工序】按钮，打开图 6-2 所示的【创建工序】对话框，系统提示选择类型、子类型、位置，并指定操作名称。

2）在【创建工序】对话框的【类型】下拉列表中选择【mill_contour】选项，在【工序子类型】选项中单击 CAVITT_MILL（型腔铣）按钮，然后指定加工类型。

3）在【程序】、【刀具】、【几何体】和【方法】下拉列表中分别做出需要的选择。

4）完成上述操作后，在【创建工序】对话框中单击【确定】按钮，打开【型腔铣】对话框，如图 6-3 所示。系统提示用户指定参数。

图 6-2　【创建工序】对话框　　　　图 6-3　【型腔铣】对话框

5）在【几何体】选项中，指定型腔铣的【几何体】、【指定部件】、【指定毛坯】、【指定检查】、【指定切削区域】、【指定修剪边界】等。

6）在【刀轨】选项中，指定型腔铣的【方法】、【切削模式】、【步距】、【进给率和速度】等。

7）在【选项】选项中设置刀具轨迹的显示参数，如刀具颜色、轨迹颜色、显示速度等。

8）单击【操作】中的 （生成）按钮，生成刀具轨迹。

9）单击 确定 按钮，验证被加工零件是否产生了过切、有无剩余材料等。完成操作。

6.3 型腔铣操作参数设置

型腔铣在数控加工中可以用于大部分工件的粗加工、精加工。型腔铣操作和平面铣操作相似，两者都可以切削垂直于刀具轴的切削层中的材料，都属于 2.5 轴联动的操作类型。但两者也有许多不同之处，如定义材料的方式，平面铣使用边界来定义部件材料，型腔铣使用边界、面、曲线和实体来定义部件材料。型腔铣可以代替平面铣。

6.3.1 型腔铣的操作子类型

型腔铣共有 4 种操作子类型，如图 6-4 所示。

（1）（型腔铣） 型腔铣是最基本的铣加工形式，主要利用实体的表面、片体或曲线定义加工区域。其他型腔铣操作可以看做是型腔铣操作方式的特殊应用。【型腔铣】对话框如图 6-5 所示。

（2）（插铣） 该铣削方式为降速钻削式切削，进给路线由切削方式确定，主要用来快速清除要切削的材料。使用这种切削方式时，对机床刚性要求特别高。该铣削方式是 2 轴联动切削方式。【插铣】对话框如图 6-6 所示。

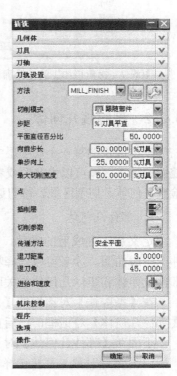

图 6-4 型腔铣操作子类型　　图 6-5 【型腔铣】对话框　　图 6-6 【插铣】对话框

（3）（拐角粗加工） 当（型腔铣）操作方式在切削参数中使用了参考刀具时，型腔铣操作刀具路径就变成 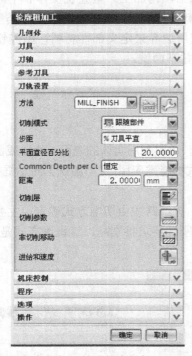（拐角粗加工）操作刀具路径。用于切削部件拐角处前一刀具的直径和拐角半径关系无法去除的剩余材料，相应对话框如图 6-7 所示。

（4） （剩余铣）　该铣削方式用来清除粗加工后剩余加工余量较大的部位。通过该方式可以给精加工均匀的加工余量。剩余铣对话框如图 6-8 所示。

图 6-7　拐角粗加工的【轮廓粗加工】对话框

图 6-8　【剩余铣】对话框

6.3.2　型腔铣几何体

在型腔铣的每一个切削层中，刀具可以切削部件而不会产生过切的区域称为加工区域。型腔铣的加工区域可以由曲面或者实体几何来定义，几何体主要包括部件几何体、毛坯几何体、检查几何体、切削区域、修剪边界几何体等几种类型。下面对型腔铣的几何体类型进行介绍。

1. 部件几何体

定义加工完成后的零件，即最终产品零件，通过部件几何体的选择，能够选择要加工部件的轮廓曲面。读者可以选择特征、几何体（实体、面、曲线）和小平面来定义部件几何体。部件几何体和驱动几何体有关联性，二者结合共同定义切削区域。

在【型腔铣】对话框的【几何体】下单击 （指定部件）按钮，系统弹出图 6-9 所示的【部件几何体】对话框，然后直接选择要选取的工件，单击 确定 按钮完成。

下面对【部件几何体】对话框进行介绍。

（1）选择对象　直接选择已命名的几何体对象。

（2）定制数据　用于指定部件几何体的余量和内外公差。在【部件几何体】对话框中单击 定制数据 按钮时，【部件几何体】对话框将扩展成如图 6-10 所示。

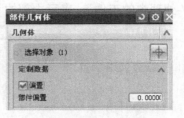

图 6-9 【部件几何体】对话框　　　图 6-10 【定制数据】设置项

（3）添加新集　选择多个部件几何体时单击。

（4）列表　显示所添加几何体的数量。

（5）拓扑结构　提供面分析的功能，用于检查材料边的非连续面之间的间隙、丢失的面以及重叠的面等。当进行几何体的编辑操作时，此选项有效。它可以帮助读者改正模型几何体的造型错误。这些错误可能发生在模型从其他 CAD 系统转换的过程，也可能发生在使用 UG 建模的过程中。UG CAM 处理器能检查模型中这些丢失、重叠或者是不相切的面，这些面可能产生多重运算和不正确的刀轨。

2. 毛坯几何体

毛坯几何体定义要加工零件的毛坯材料。可以在"WORKPIECE"几何体组中将开始工件定义为毛坯几何体，也可以通过部件几何体的 3 维偏置来定义毛坯。

1）在加工操作导航器中双击"WORKPIECE"，弹出毛坯几何体对话框，"类型"选择"包容块"。如图 6-11 所示。可以在文本框中输入数值，也可以直接拖动箭头定义毛坯大小。

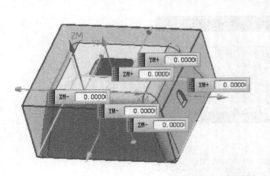

图 6-11　自动块定义毛坯

2）在【型腔铣】对话框的【几何体】下单击◻（指定毛坯）按钮，系统弹出图 6-12 所示的【毛坯几何体】对话框。

a）几何体。可以选择【体】、【面】、【面和曲线】、【曲线】等选项。

b）部件偏置。基于指定几何体偏置距离定义毛坯几何体。

c）包容块。自动包容方式定义毛坯几何体，生成矩形实体。可以在文本框中输入数值，也可以直接拖动箭头定义毛坯大小。

d）包圆柱体。自动包容方式定义毛坯几何体，生成圆柱形实体。可以在文本框中输入数值，也可以直接拖动箭头定义毛坯大小。

e）部件轮廓、"部件凸包"等同于部件偏置。

f）"IPW-处理中的工件"。表示内部的"工序模型"（IPW）。

图 6-12 【毛坯几何体】对话框

3. 检查几何体

检查几何体定义刀具在切削过程中要避让的几何体，如夹具或其他已经加工过的重要表面等。在型腔铣操作中，部件几何体和检查几何体共同决定了刀轨的生成范围。

在【型腔铣】对话框的【几何体】下单击 （指定检查）按钮，系统弹出图 6-13 所示的【检查几何体】对话框。

检查几何体的选择和编辑与部件几何体、毛坯几何体的选择和编辑方法大致相同，这里不再赘述。

图 6-13 【检查几何体】对话框

4. 切削区域

切削区域定义加工区域，在【型腔铣】对话框的【几何体】下单击 （指定切削区域）

按钮，系统弹出【切削区域】对话框，如图 6-14 所示。切削区域可以是部件几何体的一部分，也可以是全部的部件几何体。

指定切削区域时应当主要以下几点：

1）切削区域的每个选择必须包括在部件几何体中。

2）若不选择切削区域，系统将把已定义的整个部件几何体作为切削区域。此时，系统将零件几何体的轮廓表面作为切削区域，亦即没有切削区域被指定。

3）指定切削区域以前必须先指定部件几何体。

4）如果没有定义切削区域，刀具不能移除"边缘追踪"。

5．修剪边界几何体

在【型腔铣】对话框的【几何体】下单击█（指定修剪边界）按钮，系统弹出【修剪边界】对话框，如图 6-15 所示。

图 6-14　【切削区域】对话框　　　　图 6-15　【修剪边界】对话框

修剪边界的目的是要控制刀具的运动范围，对生成的刀具轨迹做合理的修剪。该对话框的操作与平面铣削中的修剪边界几何体操作类似，读者可以参考相关内容。

6.4　型腔铣的切削参数设置

型腔铣的刀轨参数设定与平面铣基本一致，这里不再叙述。下面主要讲解型腔铣的切削层和其他特有的切削参数。

6.4.1　型腔铣切削层设定

型腔铣是水平切削操作，按层次至上而下切削，每一层刀具轨迹都是在同一平面上的。可以单独指定切削平面，切削平面决定刀具的切削深度，切削层的参数包括总深度和每层间距。单击【型腔铣】对话框中的【刀轨设置】将出现一个▤（切削层）按钮，单击▤（切削层）按钮，系统弹出图 6-16 所示的【切削层】对话框。

可以在【切削层】对话框中定义多个切削范围，且每个范围又可由多个背吃刀量均匀地等分，一个范围包含两个垂直于刀轴的平面，通过这两个平面和工件轮廓来定义切削的材料量，其具体含义如图 6-17 所示。

图 6-16 【切削层】对话框

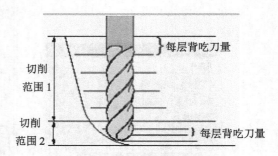

图 6-17 切削范围和背吃刀量

系统根据部件几何体与毛坯几何体的切削量，基于其最高点与最低点自动确定一个范围。但系统自动确定的范围仅是一近似结果，有时不能完全满足切削要求。此时，可以通过选择几何对象进行调整，在某个要求的位置自定义范围。如图 6-18 所示，大三角形表示的是切削范围，小三角形表示的是每一切削范围内的切削深度距离。

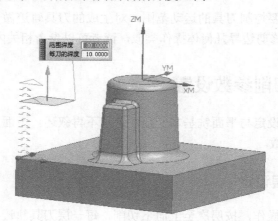

图 6-18 切削范围

1．范围类型

（1）自动　系统默认切削范围，默认的切削范围不论有多少个，默认的切削深度层都是相等的。

（2）用户定义　用户自定义切削范围，可以是多个范围，每范围的切削深度都可以定义。

（3）单个　默认一个切削范围。

2．范围定义

此选项用来添加、编辑、删除切削层。默认状态下只需选定部件区域，程序会自动定义切削范围，每一个范围可以独立操作，如更改深度、合并范围。范围内切削层深度是一致的。

（1）选择对象　定义要加工的部件区域。

（2）范围深度　定义每一个范围的切削深度。

（3）每刀的深度　定义同一范围内的切削层之间的距离。

（4）添加新集　添加或移除切削范围。当删除一个范围时，切削层会自动扩展到下一范围。如果只剩下一个范围，最顶部到最底部的切削层将一致。

6.4.2　型腔铣的切削参数

型腔铣的切削参数与平面铣的参数表等内容基本相同，只有很少一些选项的设置内容不同。型腔铣主要增加了延伸刀轨、容错加工、防止底切、修剪由、参考刀具等选项。下面对部分内容进行介绍。

1．延伸刀轨

延伸刀轨顾名思义就是刀具轨迹在应切削的区域边界延长一段距离。目的是让切削区域的残余材料清除的更加彻底。

在【型腔铣】对话框的【刀轨设置】下单击 按钮，系统弹出【切削参数】对话框，如图 6-19 所示。在【策略】选项卡下，可以在【延伸刀轨】的【在边上延伸】文本框中输入延伸值，从而控制刀具路径切出切削区域的距离。它的单位可以是 mm 和刀具直径百分比。

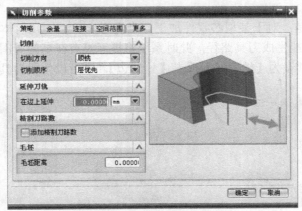

图 6-19　设置延伸刀轨参数

2．空间范围

在【切削参数】对话框上单击【空间范围】选项卡，如图 6-20 所示。该选项卡由【毛坯】、

【刀具夹持器】、【小面积避让】、【参考刀具】、【陡峭】等选项组成。

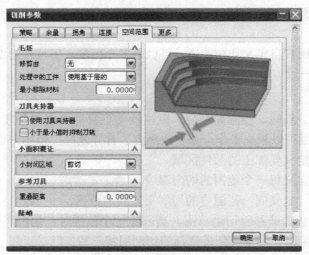

图 6-20 【空间范围】选项卡

（1）修剪由 表示在没有明确定义毛坯几何体时，自动识别出型芯工件的毛坯几何体，当【容错加工】关闭时，会显现【无】、【外部边】两个选项；当【容错加工】打开时，会显示【无】、【轮廓线】两个选项。系统给出的下拉列表内容解释如下：

1）无。不使用修剪功能。

2）轮廓线。当【容错加工】选项被激活时，【轮廓线】选项才有效。此时可以用部件几何体的外形轮廓定义毛坯几何体，即认为在每一切削层中，以外形轮廓作为毛坯几何体，而以切削层平面与部件的交线作为部件几何体。

3）外部边。当【容错加工】选项未被激活时，【外部边】选项才有效。此时可以用面、片体或者曲面区域特征的外部边界定义部件几何体。外部边界是不与其他边界邻接的边界，可以认为在每一切削层中，以外部边界作为毛坯几何体，而以切削层平面与部件的交线作为部件几何体。

这里需要注意的是：对于某型芯零件加工，当没有定义毛坯几何体时，如果【修剪由】选项设为【无】，将不能生成刀具路径，此时系统将提示没有在岛的周围定义要切削的材料；如果将【修剪由】选项设为【轮廓线】或者【外部边】，则可以生成刀具路径。

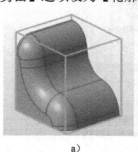
a)

b) c)

图 6-21 处理中工件

a）无 b）使用 3D c）使用基于层的

（2）处理中的工件　处理中的工件又称为工序模型，该参数用于指定操作完成后保留的材料。这将避免再次切削已经切削过的材料。下拉列表有 3 种类型，如图 6-21 所示。

【处理中的工件】下拉列表内容解释如下：

1）无。使用现有的毛坯几何体，或切削整个型腔。

2）使用 3D。该选项控制型腔铣操作创建小平面几何体，使用小平面体表示毛坯。

3）使用基于层的。控制被加工部分的毛坯要基于上一加工操作的切削剩余量，它仅可用于型腔铣。

处理中的工件经常用于下一个操作的粗加工或精加工中。使用工序模型时要注意的是，从第一个操作到最后一个操作，都是在同一个几何体组中。

（3）刀具夹持器

1）使用刀具夹持器。当选择该选项时，程序打开刀柄，目的是避免铣加工中刀柄和零件相互干涉。

2）小于最小值抑制刀轨。根据剩余材料体积的最小值来控制刀轨的输出。

（4）参考刀具　在文本框中选择或新建一把参考刀具，系统会自动算出参考刀具切除的材料。此时切削刀具只是去切削参考刀具没有切到的剩余材料，会大大提高加工效率。

【重叠距离】文本框用来控制刀轨清除材料的最小厚度。当切削材料小于此设定值时，刀具轨迹将会被抑制。

（5）陡峭　只有在定义了参考刀具后，【陡峭】项才处于激活状态，该参数用来控制切削陡斜壁的最小角度。在文本框中直接填写数值即可。

3. 容错加工、防止底切

在【切削参数】对话框上单击【更多】选项卡，即可对容错加工和防止底切等参数进行设置，如图 6-22 所示。

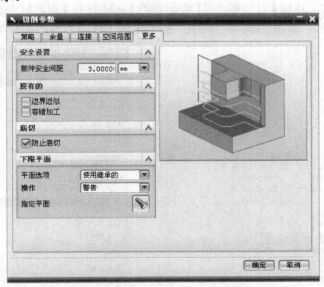

图 6-22　容错加工和防止底切

（1）容错加工　容错加工参数可以准确地寻找不过切零件的可加工区域。在大多数切削操作中，该选项是激活的。激活该选项时，材料边仅与刀具轴矢量有关，表面的刀具位置属性不管如何指定，系统总是设置为【相切于】。由于此时不使用表面的材料边属性，因此当选择曲线时，刀具中心将位于曲线上；当不选择顶面时，刀具就位于垂直壁的边缘上。

（2）防止底切　该选项可以使系统根据底切图素调整刀具路径，防止刀杆摩擦零件表面。只有在不激活【容错加工】选项时，该选项才可以被激活。激活该选项后，刀杆将离开零件表面一个水平安全距离。若刀杆在底切几何以上的距离等于刀具半径，则随着切削的深入，刀具将逐渐离开底切几何，直到刀具到达底切几何处时，刀柄与底切几何间的距离即为水平安全距离。

6.5　型腔铣加工实例

本实例将通过曲率复制零件来介绍在 UG CAM 中进行型腔铣加工的详细操作方法。通过操作内容的学习，进一步熟悉型腔铣参数的含义和设置方法。待加工零件的三维效果如图 6-23 所示。

1. 导入主模型

1）启动 UG NX 8.0 软件。直接双击 NX 8.0 图标，或在【开始】→【程序】中找到 NX 8.0 按钮单击。

2）打开部件【CAM6-1.prt】。在 UG NX 8.0 软件中，选择【文件】→【打开】菜单，或在工具栏上单击 按钮，在弹出的【打开部件文件】对话框中选择【CAM6-1.prt】文件，单击 OK 按钮。

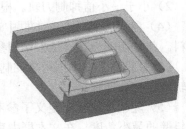

图 6-23　型腔铣零件加工模型

3）进入 CAM 模块。在工具栏上单击 开始 按钮，在弹出的下拉菜单中选择【加工】菜单，如图 6-24 所示；或者在键盘上按 Ctrl+Alt +M 键进入 UG CAM 制造模块。

4）系统弹出【加工环境】对话框，在【要创建的 CAM 设置】列表框中选择【mill_ contour】选项，如图 6-25 所示；单击 初始化 按钮，初始化加工环境为型腔铣加工。

图 6-24　加工环境

图 6-25　初始化型腔铣加工环境

2. 创建刀具

1）在工具栏中单击加工创建工具条中的 按钮，弹出【创建刀具】对话框，如图 6-26 所示。在【类型】下拉列表中选择【mill_contour】项；在【刀具子类型】中单击 （MILL）按钮设置刀具的类型；在【名称】文本框中输入 MILL_40 作为刀具的名称；其他参数采用默认设置。单击 确定 按钮，完成刀具参数的设置。

2）系统弹出【铣刀-5 参数】对话框，在【尺寸】的【(D) 直径】项文本框中输入 40.0000，在【(L) 长度】项文本框中输入 200.0000，在【(FL) 刀刃长度】项文本框中输入 50.0000，在【刀刃】项文本框中输入 2；在【编号】的【刀具号】项文本框中输入 0，在【补偿寄存器】项文本框中输入 0，在【刀具补偿寄存器】项文本框中输入 0，如图 6-27 所示。此时可以在 UG CAM 的主视区预览所创建的刀具的外形，如图 6-28 所示。在【铣刀-5 参数】对话框中单击 确定 按钮，完成刀具参数的设置。

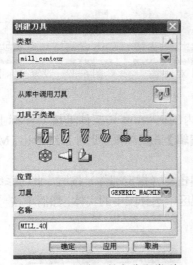

图 6-26 创建刀具名称和类型

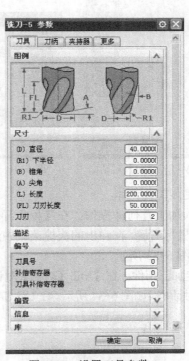

图 6-27 设置刀具参数

3. 设置加工坐标系

1）进入 MCS。在 UG CAM 主界面左侧的导航栏中单击 （操作导航器）按钮，打开【操作导航器】对话框，然后在该对话框内的空白处单击鼠标右键，在弹出的快捷菜单中选择【几何视图】子菜单项，此时显示内容如图 6-29 所示。

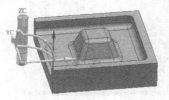

图 6-28 预览刀具外形

图 6-29 几何视图方式

2）选择设定方法。在【操作导航器】内的 _{MCS_MILL} （铣削加工坐标系）图标上双击鼠标左键或单击鼠标右键，在弹出的快捷菜单中选择【编辑】子菜单项，此时系统打开【Mill_Orient】对话框，如图6-30所示。在【机床坐标系】下单击 图标，在弹出的下拉列表中单击 （原点）项，然后单击 （CSYS对话框）按钮，此时系统弹出【CSYS】对话框，如图6-31所示。

3）指定MCS。在【CSYS】对话框中单击 （点构造器）按钮，系统弹出图6-32所示的【点】对话框。在该对话框的【坐标】下设置【X】、【Y】、【Z】的值均为"0.000000"，然后单击 确定 按钮。分别在【CSYS】对话框和【Mill_Orient】对话框中单击 确定 按钮，完成坐标系原点设置。

图6-30　【Mill_Orient】对话框　　　　图6-31　【CSYS】对话框　　　　图6-32　设置坐标系原点

4. 设定加工几何体

1）进入加工几何体操作。在【操作导航器】内的 WORKPIECE （工件毛坯）图标上双击鼠标左键或单击鼠标右键，在弹出的快捷菜单中选择【编辑】子菜单项，此时系统弹出【Mill_Geom】对话框，如图6-33所示。

2）指定加工部件。在【Mill_Geom】对话框中单击 （指定部件）按钮，此时系统弹出【部件几何体】对话框，如图6-34所示。在UG CAM主视区中选择图中的实体，然后单击 确定 按钮。

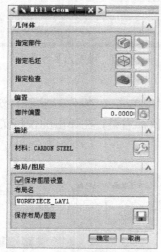

图6-33　【Mill_Geom】对话框　　　　　　图6-34　【部件几何体】对话框

3）设定毛坯。在【Mill_Geom】对话框中单击 （指定毛坯）按钮，此时系统弹出【毛坯几何体】对话框，如图 6-35 所示。在【类型】下拉列表中选择【包容块】项，其他的设置内容采用默认值，此时毛坯几何体如图 6-36 所示。单击 确定 按钮，然后在【Mill_Geom】对话框中单击 确定 按钮完成设置。

图 6-35　【毛坯几何体】对话框

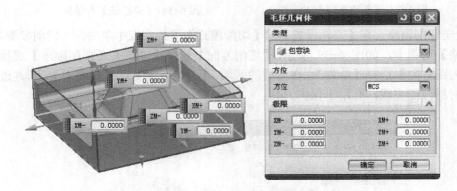

图 6-36　毛坯几何体包容块示意

133

5. 创建操作

1）创建操作。在工具栏的加工创建工具条中单击 按钮，此时系统弹出【创建工序】对话框，如图 6-37 所示。在【类型】的下拉列表中选择【mill_contour】选项；在【工序子类型】栏中单击 （型腔铣）按钮；在【位置】的【程序】下拉列表中选择【NC_PROGRAM】项，在【刀具】下拉列表中选择第 2 步创建的刀具【MILL_40】项，在【几何体】下拉列表中选择【WORKPIECE】项，在【方法】下拉列表中选择【MILL_ROUGH】项；在【名称】下的文本框中输入 CAVITY_MILL_1。设置完毕后，单击 确定 按钮。

2）进入【型腔铣】操作选择切削模式。系统自动弹出【型腔铣】对话框，如图 6-38 所示。在【刀轨设置】的【切削模式】下拉列表中选择 跟随部件 项，然后在【最大距离】文本框中输入 2.0000。

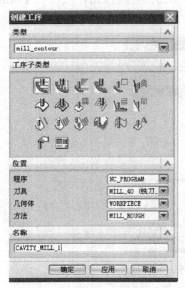

图 6-37　【创建工序】对话框

图 6-38　【型腔铣】对话框

3）设定切削策略。在【刀轨设置】的【切削模式】下拉列表中单击■（切削参数）按钮，选择【策略】选项卡，如图 6-39 所示。【切削方向】选择【顺铣】，【切削顺序】选择【深度优先】，【刀路方向】选择【向内】。在开放的区域，【刀路方向】选择【向内】，刀具进刀路线会在工件材料外侧生成，有助于保护刀具。

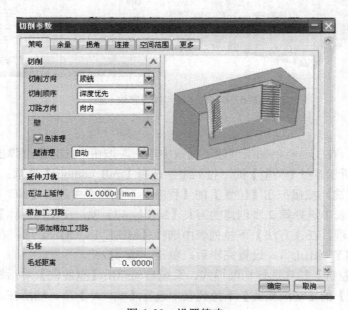

图 6-39　设置策略

4）设定加工余量。在【刀轨设置】的【切削模式】下拉列表中单击▦（切削参数）按钮，此时系统打开【切削参数】对话框。在该对话框中选择【余量】选项卡，然后勾选【使用"底部面和侧壁余量一致"】项前面的复选框，在【部件侧面余量】文本框中输入 0.5000，其余参数设置如图 6-40 所示。

图 6-40　设置余量参数

5）设置区域优化。在【切削参数】对话框中单击【连接】选项卡，如图 6-41 所示；在【区域排序】下拉列表中选择【优化】项，然后单击 确定 按钮。

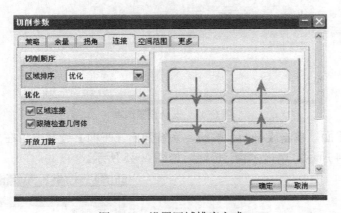

图 6-41　设置区域排序方式

6）指定进刀类型。此加工零件为开放式部件，为了保护刀具，将从外部进刀。在【型腔铣】对话框的【刀轨设置】下单击▦（非切削移动）按钮，此时系统弹出【非切削移动】对话框，如图 6-42 所示。在【非切削移动】对话框中选择【进刀】选项卡，在【封闭区域】的【进刀类型】下拉列表中选择【与开放区域相同】项；在【开放区域】的【进刀类型】下拉列表中选择【线性】；其余参数系统会自动给出一个合理值，不需要再做调整。

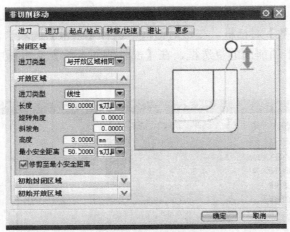

图 6-42　设置进刀类型

7）进入安全设置。在【型腔铣】对话框的【刀轨设置】下单击 (非切削移动)按钮，此时系统弹出【非切削移动】对话框，如图 6-43 所示。在【非切削移动】对话框中选择【转移/快速】选项卡，在【安全设置】的【安全设置选项】下拉列表中选择【平面】项。

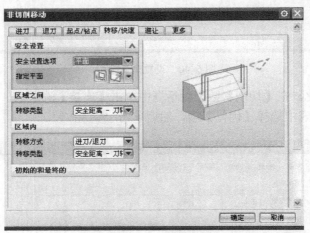

图 6-43　安全设置选项

8）指定安全平面。单击【平面】按钮，系统弹出【平面】选择卡，在【距离】文本框中输入 50，如图 6-44 所示。单击 确定 按钮，如图 6-45 所示。

图 6-44　指定安全距离

图 6-45　【平面】对话框

9）指定区域抬刀方式。在【区域内】和【区域之间】选项下，【传递使用】下拉列表选择【进刀/退刀】项；【传递类型】下拉列表选择【安全设置】项，然后单击 确定 按钮。

10）在【型腔铣】对话框的【刀轨设置】下单击 （进给和速度）按钮，此时系统弹出【进给率和速度】对话框。单击【主轴速度】项，此时展开关于主轴设置的项，在【主轴速度】文本框中输入 3000.0，设定主轴转速，如图 6-46 所示；单击【进给率】项，此时将展开关于进给率设置的项，设置各项参数如图 6-47 所示。单击 确定 按钮完成设置。

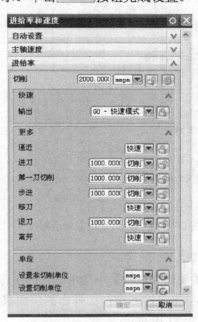

图 6-46 设置主轴速度   图 6-47 设置进给率参数

6. 生成刀轨

1）生成刀轨。各种参数设置完毕后，在【型腔铣】对话框的【操作】下单击 （生成）按钮，生成刀具路径如图 6-48 所示。

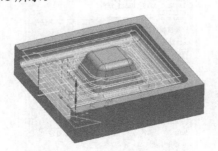

图 6-48 生成刀具路径

2）刀轨仿真。在【型腔铣】对话框下面单击 （确认）按钮，进行可视化仿真，此时系统弹出【刀轨可视化】对话框，如图 6-49 所示。单击【3D 动态】选项卡，然后单击 （播放）按钮，即可进行刀具路径可视化验证，如图 6-50 所示。可视化仿真加工结束，经验证刀具路径无误后，在【刀轨可视化】对话框中单击 确定 按钮，然后在【型腔铣】对话框中单击 确定 按钮。

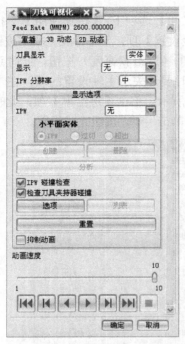

图 6-49 【刀轨可视化】对话框

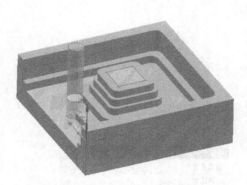

图 6-50 可视化验证刀轨

7. 后处理

1）在【操作导航器】中选中创建的操作，然后在 UG CAM 工具栏上单击 按钮；或者在该操作上单击鼠标右键，在弹出的快捷菜单中选择【后处理】项，系统弹出【后处理】对话框，如图 6-51 所示。

图 6-51 【后处理】对话框

2）在【后处理】对话框的【后处理器】列表中选择【MILL_3_AXIS】项，在【输出文件】的【文件名】项中，设置要保存的 G 代码文件路径和名称，然后单击 确定 按钮，创建的 G

代码【信息】对话框如图 6-52 所示。

3）读者可以在【信息】对话框中将 G 代码保存到其他位置，操作与 Windows 界面下的操作相同，这里不再赘述。

至此，用型腔铣完成零件加工。

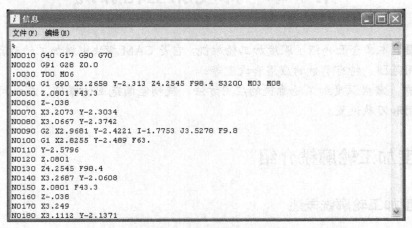

```
%
N0010 G40 G17 G90 G70
N0020 G91 G28 Z0.0
:0030 T00 M06
N0040 G1 G90 X3.2658 Y-2.313 Z4.2545 F98.4 S3200 M03 M08
N0050 Z.0801 F43.3
N0060 Z-.038
N0070 X3.2073 Y-2.3034
N0080 X3.0667 Y-2.3742
N0090 G2 X2.9681 Y-2.4221 I-1.7753 J3.5278 F9.8
N0100 G1 X2.8255 Y-2.489 F63.
N0110 Y-2.5796
N0120 Z.0801
N0130 Z4.2545 F98.4
N0140 X3.2687 Y-2.0608
N0150 Z.0801 F43.3
N0160 Z-.038
N0170 X3.249
N0180 X3.1112 Y-2.1371
```

图 6-52　G 代码【信息】对话框

第 7 章　深度加工轮廓铣

内容提要：本章全面介绍了深度加工轮廓铣，它是 CAM 模块中精加工的利器，包括操作的创建、适用范围、特有参数的应用和设定等。

重点掌握：掌握深度加工轮廓铣的应用方法、陡峭空间范围的操作、层之间的切削、参考刀具的应用和刀轨设置。

7.1　深度加工轮廓铣介绍

7.1.1　深度加工轮廓铣概述

深度加工轮廓铣即 ZLEVEL_PROFILE，UG 8.0 以前的版本称为等高轮廓铣或 Z-级铣削，隶属于 mill_contour（轮廓成型铣）。其设计目的是对多个切削层中的实体、面建模的部位进行环绕精加工。使用此模块只能切削被加工零件的陡峭区域，可以利用指定"部件几何体"的子集来获得想要限制的切削区域。如果用户没有定义任何切削区域，系统会将整个部件视为切削区域。在生成刀具轨迹的过程中，处理器将自动跟踪指定几何体的陡峭区域。

许多定义深度加工轮廓铣的参数与型腔铣的参数相同。深度加工轮廓铣是为半精加工和精加工而设计。深度加工轮廓铣有以下优点：

1）不需要指定毛坯几何体。

2）可以在操作选择或 mill_area 继承切削区域、剪裁边界。

3）具有陡峭包容。

4）切削策略中当"深度优先"时，深度加工轮廓铣会自动按照加工工件的形状进行排序，其会首先完成一个岛部件形状的所有层加工，然后才会移至下一岛部件。

5）当被加工零件属于闭合形状时，深度加工轮廓铣可以通过直接斜削到部件上在层之间移动。

6）在开放的加工零件形状上，深度加工轮廓铣可以交替切削方向（顺序加逆铣），沿着壁上下创建往复运动。

7.1.2　深度加工轮廓铣的操作子类型

深度加工轮廓铣包括 （深度加工轮廓铣）、 （深度加工拐角）两个操作子类型，如图 7-1 所示。

（1） （深度加工轮廓铣）当 （型腔铣）操作方式为配置文件切削模式时，型腔铣操作刀具路径就演变成 （深度加工轮廓铣）刀具路径。

（2） （深度加工拐角）当 （型腔铣）操作方式为配置文件切削模式，并且在切削参数中使用了参考刀具时，型腔铣操作刀具路径就演变成（深度加工拐角）刀具路径。因此，在编写刀具路径时，可以只使用型腔铣操作方式，通过切削方式和切削参数的设置生成其他操作方式的刀具路径；当然操作者也可以选择默认的其他操作方式。

深度加工轮廓铣、深度加工拐角等操作方式在有的参考书中统称为 Z-级铣削或等高轮廓铣，其实它们都可以通过型腔铣变换过来，所以这里不再对它们和型腔铣做过多的区分。下面仅就深度加工轮廓铣特有的加工参数做一介绍。

图 7-1 深度加工轮廓铣操作子类型

7.2 深度加工轮廓铣的创建方法

通过在插入工具条中单击【创建工序】按钮，创建一个深度加工轮廓铣操作，具体如下：

1）在插入工具条中单击【创建工序】按钮，打开图 7-2 所示的【创建工序】对话框，系统提示选择类型、子类型、位置，并指定操作名称。

2）在【创建工序】对话框的【类型】下拉列表中选择【mill_contour】选项，在【工序子类型】选项组中单击 【ZLEVEL_PROFILE】（深度加工轮廓铣）按钮，然后指定加工类型。

3）在【程序】、【刀具】、【几何体】和【方法】下拉列表中分别做出需要的选择。

4）完成上述操作后，在【创建工序】对话框中单击【确定】按钮，打开【深度加工轮廓】对话框，如图 7-3 所示。系统提示用户指定参数。

5）指定几何体，在【几何体】选项中，指定深度加工轮廓铣的【几何体】、【指定检查】、【指定切削区域】、【指定修剪边界】等。

6）指定陡峭范围，在【刀轨设置】选项中，指定深度加工轮廓铣的切削范围。

7）在【刀轨设置】选项中，指定深度加工轮廓铣的【方法】、【进给率和速度】等。

8）在【选项】操作中设置刀具轨迹的显示参数，如刀具颜色、轨迹颜色、显示速度等。

9）单击【操作】选项中的 （生成）按钮，生成刀具轨迹。

10）单击 确定 按钮，验证被加工零件是否产生了过切、有无剩余材料等。完成操作。

图 7-2 【创建工序】对话框

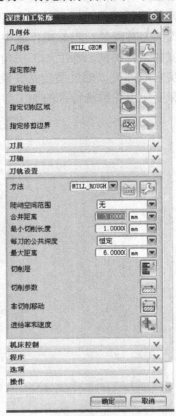

图 7-3 【深度加工轮廓】对话框

7.3　UG CAM 深度加工轮廓铣的操作参数设置

深度加工轮廓铣的一个重要功能是能够指定陡峭角度，把切削区域区分为陡峭区域与非陡峭区域。当打开【陡峭区域】选项时，只有陡峭角度大于指定陡峭角度的区域才会被加工，非陡峭区域不加工；当关闭【陡峭区域】选项时，则整个零件轮廓将被加工。

1. 陡峭空间范围

深度加工轮廓铣的陡峭空间范围参数是型腔铣中所没有的，该参数是区别于其他型腔铣的一个重要特征。部件上任意点处的陡峭空间范围是由刀轴与零件表面该点处法向间的夹角来定义的，陡峭区域是指零件上陡峭角度大于等于指定陡峭空间范围的区域。当激活【仅陡峭的】时，其后的文本框将被激活，可以在其中输入角度值，用输入的角度值把切削区域分成陡峭区域与非陡峭区域。只有陡峭区域被切削，非陡峭区域将不被切削。当陡峭空间范围处于【无】选项时，则定义的切削区域都被切削。

2. 合并距离

合并距离用于指定连接不连贯的切削运动来消除刀轨中小的不连续性或不希望出现的缝

隙。这些不连续性发生在刀具从"工件"表面退刀的位置，有时是由表面间的缝隙引起的，或当工件表面的陡峭角度与指定的"陡角"非常接近时由工件表面陡峭角度的微小变化引起的。可以在【深度加工轮廓】对话框中的【合并距离】文本框中输入合并距离的值，来设置连接切削运动的端点时刀具要通过的距离。

3. 最小切削长度

最小切削长度用来设置生成刀具路径时的最小段长度值。设定合适的最小切削长度，可以消除零件岛屿区域内的较小段的刀具路径，如果此时切削运动的距离比指定的最小长度值小，则系统将不在该处创建刀具路径。

4. 每刀的公共深度

每刀的公共深度是指加工间隙区域时的铣刀横向距离，下拉列表给出了两个选项：恒定和残余高度，如图 7-4、图 7-5 所示。选择【恒定】选项时，系统给出了一个以 mm 为单位的输入栏，输入的数值系统视为最大切削距离；选择【残余高度】选项时，输入栏编号为【最大残余高度】。

图 7-4　【恒定】选项时的对话框　　　　图 7-5　【残余高度】选项时的对话框

5. 切削层

对于深度加工轮廓铣，如果未定义切削区域，系统将默认为所选几何体部件的最顶部和最底部。若指定切削深度，则单击【刀轨设置】的【切削层】按钮，弹出【切削层】对话框，如图 7-6 所示，可以方便地指定一个或多个切削层，并可以在指定的每一个切削层中都设置不同的下刀量。UG NX 8.0 CAM 的切削层定义更加方便了。

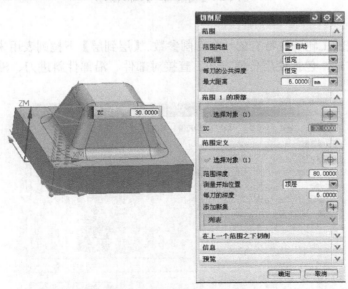

图 7-6　【切削层】对话框

7.4 深度加工轮廓铣的切削参数

1. 切削顺序

深度加工轮廓铣与按切削区域排列刀轨的型腔铣不同，它是按切削工件的形状排列切削刀轨的。可以按"深度优先"对工件进行轮廓铣，也就是在计算完成一个区域（例如岛屿）之后才会计算另一个区域。也可以按"层优先"加工，也就是刀具轨迹必须完成工件的同一平面内所有待切削区域加工，然后进入下一个切削层，如图7-7所示。

2. 避让

系统可以从几何体中继承安全平面和下限平面。如果以避让的方式指定安全平面，则"继承"将会关闭。如果想在几何体组中使用继承的安全平面，只需要转至"继承"列表重新打开即可。

图7-7 【切削顺序】对话框

3. 层到层

层到层是深度加工轮廓铣特有的一个切削参数。【层到层】下拉列表用来控制刀具从当前层到下层的移动方式，包括使用传递方法、直接对部件、沿部件斜进刀、沿部件交叉斜进刀选项，如图7-8所示。

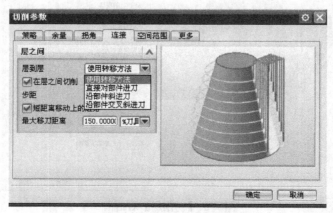

图7-8 【层到层】参数

（1）使用传递方法 程序将执行【进刀/退刀】对话框中指定的操作，刀具每层切削完都返回安全平面进行重新下刀，如图 7-9 所示。

（2）直接对部件 刀具在完成一个切削层加工后进入下一层时不需要抬刀，以最近的路线直接进入下一层切削，这样节省了抬刀时间，提高了效率，但它不执行过切或碰撞检查，对加工产品的精度和表面粗糙度有影响，如图 7-10 所示。

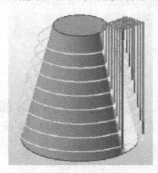
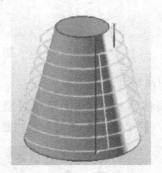

图 7-9　使用转递方法　　　　　　　　　图 7-10　直接对部件

（3）沿部件斜进刀 刀具在完成一个切削层的加工后进入下一切削层时将直接在零件表面沿斜线切削到下一层。其传递类型为"进刀和退刀"参数中指定的斜角。这种切削具有更恒定的切削深度和残余高度，并且能在工件顶部和底部生成完整刀路，如图 7-11 所示。

（4）沿部件交叉斜进刀 该方式与"沿部件斜进刀"相似，不同的是在斜削进下一层之前完成上一切削层的整个刀路。刀具在完成一个切削层的加工后进入下一切削层时，将产生一个斜线运动，所有的斜线运动相连接以消除不必要的内部退刀，如图 7-12 所示。该选项在高速加工中经常使用。

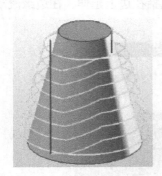
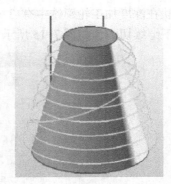

图 7-11　沿部件斜进刀　　　　　　　　　图 7-12　沿部件交叉斜进刀

4. 在层之间切削

勾选【在层之间切削】复选项，将在层与层之间的平面区域生成刀具路径。其可消除在"标准层到层"加工操作中留在浅区域中的大刀痕。不必为非陡峭区域创建单独的区域铣削操作，也不必使用非常小的切削深度来控制非陡峭区域中的刀痕。当用于半精加工时，该操作可生成更多的均匀余量。当用于精加工时，退刀和进刀的次数更少，并且表面精加工更连贯，如图 7-13 所示。

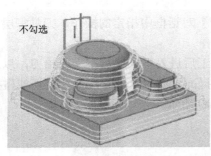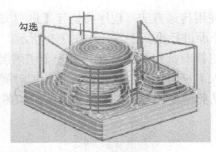

图 7-13　在层之间切削

5. 短距离移动上的进给

【短距离移动上的进给】选项必须是首先勾选【在层之间切削】复选项后才能显示出来，勾选此项后，两个较短距离的刀轨将连接在一起，减少了抬刀次数，如图 7-14 所示。

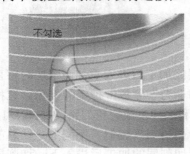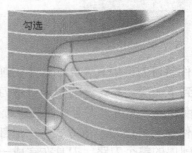

图 7-14　短距离移动上的进给

6. 延伸刀轨

延伸刀轨在深度加工轮廓铣中有 3 个设置选项，包括在边上延伸、在边缘滚动刀具、在刀具接触点下继续切削，如图 7-15 所示。

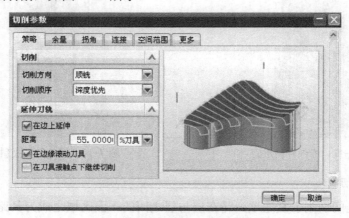

图 7-15　设置延伸刀轨的方式

（1）在边缘滚动刀具　此功能通常是一种不希望出现的情况，该情况出现在驱动路径的延伸超出部件曲面边界时。如果刀具沿着部件曲面的边界滚动，则很可能发生过切部件。当【在边缘滚动刀具】复选项未被激活时，可以有效避免这种情况发生，如图 7-16 所示。

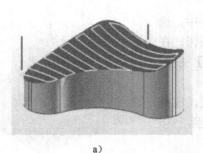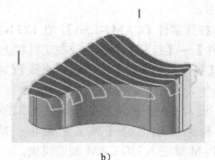

图 7-16 【边缘滚动刀具】选项激活与否的效果

a) 不勾选 b) 勾选

（2）在刀具接触点下继续切削 在【切削参数】对话框的【策略】选项卡下，当【在刀具接触点下继续切削】复选项被激活时，会在刀具接触点下继续切削而不抬刀，如图 7-17 所示。

图 7-17 【在刀具接触点下继续切削】选项激活与否的效果

a) 不勾选 b) 勾选

7. 参考刀具

深度加工轮廓铣的参考刀具可以用于二次开粗、拐角精铣。切削范围仅限于上一把较大的指定参考刀具无法加工到的区域，如图 7-18 所示。

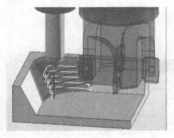

图 7-18 参考刀具

7.5 深度加工轮廓铣加工实例

本节将通过图 7-19 所示零件的加工应用实例来说明 NX 8.0 CAM 深度加工轮廓铣的一般步骤，使读者对深度加工轮廓铣加工的创建步骤有更深刻的理解。

1. 导入主模型

1）启动 UG NX 8.0 软件。直接双击 NX 8.0 图标，或在【开始】→【程序】中找到 NX 8.0

按钮单击。

2）打开部件【CAM7-1.prt】。在 UG NX 8.0 软件中，选择【文件】→【打开】菜单，或在工具栏上单击 按钮，在弹出的【打开部件文件】对话框中选择【CAM7-1.prt】文件，单击 ok 按钮。

3）进入 CAM 模块。在工具栏上单击 开始· 按钮，在弹出的下拉菜单中选择【加工】菜单；或者在键盘上按 Ctrl +Alt+M 键进入 UG CAM 制造模块。

4）系统弹出【加工环境】对话框，在【要创建的 CAM 设置】列表框中选择【mill_contour】选项，单击 初始化 按钮，初始化加工环境为深度加工轮廓铣。

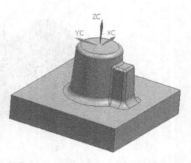

图 7-19　深度加工轮廓铣模型

2. 创建刀具

1）在工具栏中单击加工创建工具条中的 创建刀具 按钮，将弹出【创建刀具】对话框，如图 7-20 所示。在【类型】下拉列表中选择【mill_contour】项；在【刀具子类型】中单击 （MILL）按钮设置刀具的类型；在【名称】文本框中输入 MILL_30 作为刀具的名称；其他参数采用默认设置。单击 确定 按钮，完成刀具参数的设置。

2）系统弹出【铣刀-5 参数】对话框，在【尺寸】的【(D) 直径】项文本框中输入 30.0000；在【(L) 长度】文本框中输入 200.0000 在【刀刃】项文本框中输入 2；在【编号】的【刀具号】项文本框中输入 0，在【补偿寄存器】项文本框中输入 0，在【刀具补偿寄存器】项文本框中输入 0，如图 7-21 所示。此时可以在 UG CAM 的主视区预览所创建的刀具的外形，如图 7-22 所示。在【铣刀-5 参数】对话框中单击 确定 按钮，完成刀具参数的设置。

图 7-20　创建刀具名称和类型

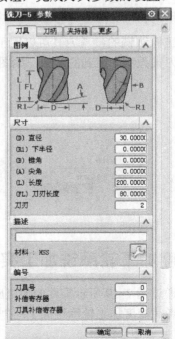

图 7-21　设置刀具参数

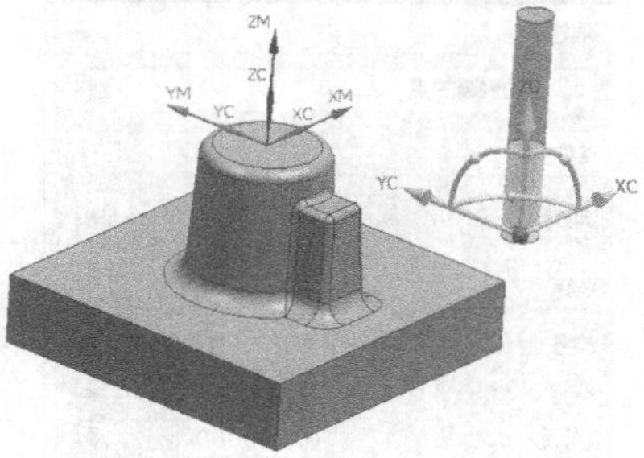

图 7-22　预览刀具外形

3. 设置加工坐标系

1）进入 MCS。在 UG CAM 主界面左侧的导航栏中单击（操作导航器）按钮，打开【操作导航器】对话框，然后在该对话框内的空白处单击鼠标右键，在弹出的快捷菜单中选择【几何视图】子菜单项，此时显示内容如图 7-23 所示。

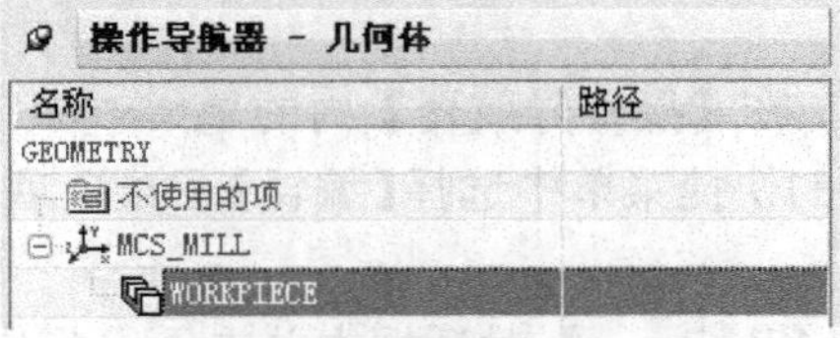

图 7-23　几何视图方式

2）选择设定方法。在【操作导航器】内的 MCS_MILL（铣削加工坐标系）图标上双击鼠标左键或单击鼠标右键，在弹出的快捷菜单中选择【编辑】子菜单项，此时系统打开【Mill_Orient】对话框，如图 7-24 所示。在【机床坐标系】栏中单击图标，在弹出的下拉列表中单击（原点）项，然后单击（CSYS 对话框）按钮，此时系统弹出【CSYS】对话框，如图 7-25 所示。

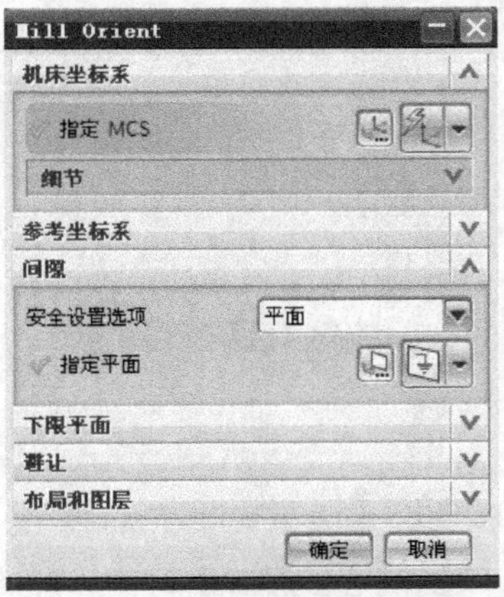

图 7-24　【Mill_Orient】对话框

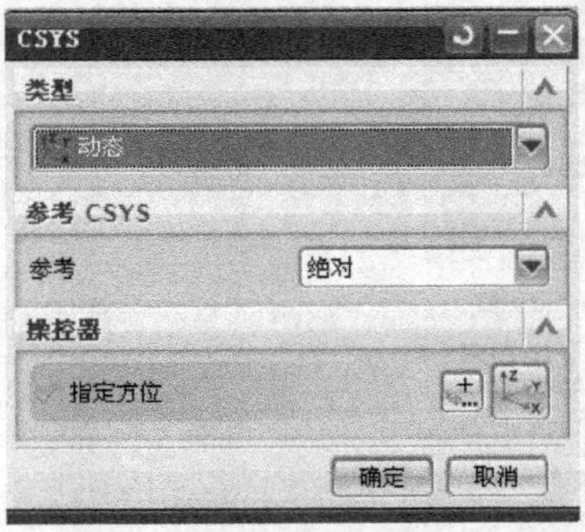

图 7-25　【CSYS】对话框

3）指定 MCS。在【CSYS】对话框中单击（点构造器）按钮，系统弹出图 7-26 所示的【点】对话框。在该对话框的【坐标】下，设置【X】、【Y】、【Z】的值均为 0.000000，单击 确定 按钮，然后分别在【CSYS】对话框和【Mill_Orient】对话框中单击 确定 按钮，完成坐标系原点设置。

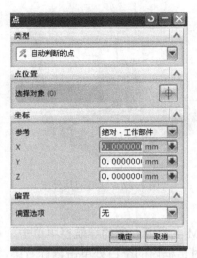

图 7-26　设置坐标系原点

4. 设定加工几何体

1）进入加工几何体操作。在【操作导航器】内的 <img>workpiece</img>（工件毛坯）图标上双击鼠标左键或单击鼠标右键，在弹出的快捷菜单中选择【编辑】子菜单项，此时系统弹出【Mill_Geom】对话框，如图 7-27 所示。

2）指定加工部件。在【Mill_Geom】对话框中单击 <img> </img>（指定部件）按钮，此时系统弹出【部件几何体】对话框，如图 7-28 所示。在 UG CAM 主视区中选择图中的实体，然后单击 确定 按钮。

图 7-27　【Mill_Geom】对话框

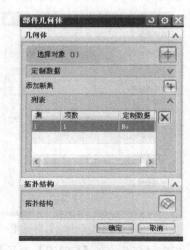

图 7-28　【部件几何体】对话框

5. 创建操作

1）创建操作。在工具栏的加工创建工具条中单击 <img>创建操作</img> 按钮，此时系统弹出【创建工序】对话框，如图 7-29 所示。在【类型】下拉列表中选择【mill_contour】选项；在【工序子类型】中单击 （深度加工轮廓铣）按钮；在【位置】的【程序】下拉列表中选择【NC_PROGRAM】项，在【刀具】下拉列表中选择第 2 步创建的刀具【MILL_30】项，在【几何体】下拉列表中选择【WORKPIECE】项，在【方法】下拉列表中选择【MILL_FINISH】项；在【名称】栏的文本框中输入 ZLEVEL_PRORILE_1。设置完毕后，单击 确定 按钮。

2）进入深度加工轮廓铣操作定义刀轨设置。系统弹出【深度加工轮廓铣】对话框，如图 7-30 所示。在【刀轨设置】的【每刀的公共深度】下拉列表中选择【恒定】项，然后在【最大距离】文本框中输入 0.5000。

图 7-29 【创建工序】对话框

图 7-30 【深度加工轮廓铣】对话框

3）定义陡峭角度。在【刀轨设置】的【陡峭空间范围】下拉列表中选择【无】，下面的【合并距离】和【最小切削长度】选择系统默认即可。

4）设定加工余量。在【刀轨设置】下单击 （切削参数）按钮，此时系统打开【切削参数】对话框。在该对话框中选择【余量】选项卡，然后勾选【使用"底部面和侧壁余量一致"】项前面的复选框，在【部件侧面余量】文本框中输入 0.3000，其余参数设置如图 7-31 所示。

5）设定层之间切削。在【切削参数】对话框中选择【连接】选项卡，（层到层）选择【使用传递方法】，然后勾选【在层之间切削】项前面的复选框，【步距】选择【使用切削深度】，【短距离移动上的进给】采用默认设置，如图 7-32 所示。

151

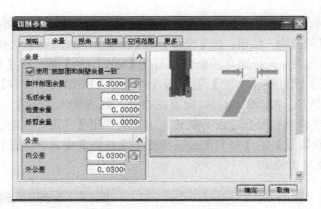

图 7-31　设置余量参数

图 7-32　【切削参数】对话框

6）指定进刀类型。此加工零件为开放式部件，为了保护刀具，将从外部进刀。在【深度加工轮廓】对话框的【刀轨设置】下单击■（非切削移动）按钮，此时系统弹出【非切削移动】对话框，如图 7-33 所示。在【非切削移动】对话框中选择【进刀】选项卡，在【封闭区域】的【进刀类型】下拉列表中选择【与开放区域相同】项；在【开放区域】中【进刀类型】下拉列表中选择【圆弧】；其余参数系统会自动给出一个合理值，不需要再做调整。

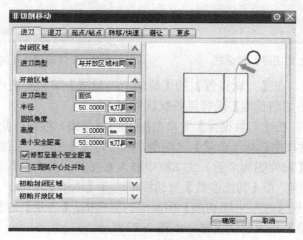

图 7-33　设置进刀类型

7）进入安全设置。在【深度加工轮廓】对话框的【刀轨设置】下单击按钮，此时系统弹出【非切削移动】对话框，如图 7-34 所示。在【非切削移动】对话框中选择【转移/快速】选项卡，在【安全设置】的【安全设置选项】下拉列表中选择【平面】项。

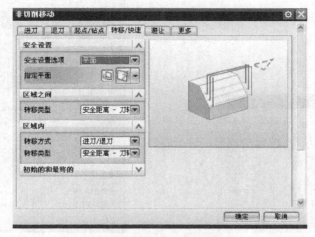

图 7-34　安全设置选项

8）指定安全平面。单击【指定平面】![]按钮，系统弹出【平面】对话框，在【距离】文本框中输入 50，如图 7-35 所示，单击![确定]按钮。

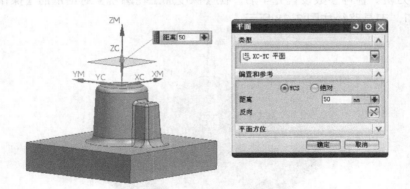

图 7-35　指定安全高度

9）指定区域抬刀方式。在【区域内】和【区域之间】中，在【传递使用】下拉列表中选择【进刀/退刀】项，在【传递类型】下拉列表中选择【安全距离】项，然后单击![确定]按钮。

10）在【深度加工轮廓铣】对话框的【刀轨设置】下单击按钮，此时系统弹出【进给率和速度】对话框。单击【主轴速度】项，此时展开关于主轴设置的项，在【主轴速度】文本框中输入 3000.0，设定主轴转速，如图 7-36 所示；单击【进给率】项，此时将展开关于进给率设置的项，设置各项参数如图 7-37 所示。单击![确定]按钮，完成设置。

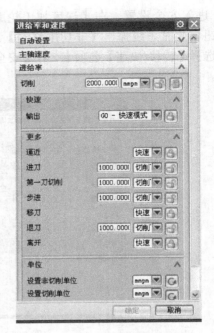

图 7-36　设置主轴速度　　　　　　　图 7-37　设置进给率参数

6. 生成刀轨

1）生成刀轨。各种参数设置完毕后，在【深度加工轮廓铣】对话框的【操作】下单击 <img>（生成）按钮，刀具路径如图 7-38 所示。

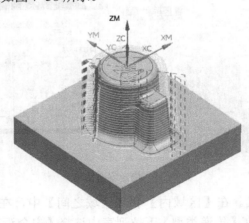

图 7-38　生成刀具路径

2）刀轨验证。在【深度加工轮廓】对话框下面单击 <img>（确认）按钮，进行可视化仿真。此时系统弹出【刀轨可视化】对话框，如图 7-39 所示。单击【3D 动态】选项卡，然后单击 <img>（播放）按钮，即可进行刀具路径可视化验证，如图 7-40 所示。

3）可视化仿真加工结束，经验证刀具路径无误后，在【刀轨可视化】对话框中单击 确定 按钮，然后在【深度加工轮廓铣】对话框中单击 确定 按钮。

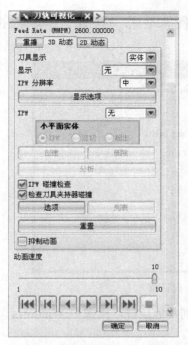

图 7-39 【刀轨可视化】对话框

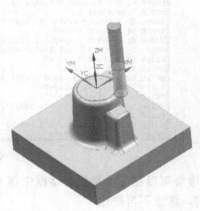

图 7-40 可视化验证刀轨

7. 后处理

1）在【操作导航器】中选中创建的操作，然后在 UG CAM 工具栏上单击 按钮；或者在该操作上单击鼠标右键，在弹出的快捷菜单中选择【后处理】项，系统弹出【后处理】对话框，如图 7-41 所示。

图 7-41 【后处理】对话框

2）在【后处理】对话框中的【后处理器】列表中选择【MILL_3_AXIS】项，在【输出文

件】的【文件名】项中，设置要保存的 G 代码文件路径和名称，然后单击 确定 按钮，创建
的 G 代码【信息】对话框如图 7-42 所示。

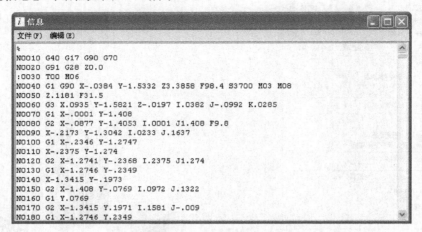

图 7-42　G 代码【信息】对话框

3）读者可以在【信息】对话框中将 G 代码保存到其他位置，操作与 Windows 界面下的
操作相同，这里不再赘述。

至此，深度加工轮廓铣实例加工完毕。

第 8 章　固定轮廓铣

内容提要： 固定轮廓铣加工是 UG CAM 三轴系列加工中最为强大的精加工操作集，功能全面且可以进行复杂的曲面加工。通过不同的驱动方法，能够计算并规划处出想要的各式刀轨路线。

重点掌握： 熟练应用固定轮廓铣的驱动类型设置，掌握固定轮廓铣的特有参数设置方法。

8.1　固定轮廓铣介绍

8.1.1　固定轮廓铣概述

固定轮廓铣即 FIXED_CONTOUR，UG NX 8.0 以前的版本称为固定轴曲面轮廓铣，隶属于 mill_contour（轮廓成型铣），它是 UG CAM 三轴系列加工中最为强大的精加工操作集，可以加工最复杂的曲面轮廓。

固定轮廓铣的刀具路径是通过将驱动点投影至零件几何体上来进行创建。驱动点是从曲线、边界、面或曲面等驱动几何体生成的，并沿着指定的投影矢量投影到零件几何体上。然后刀具定位到部件几何体以生成刀具路径。

固定轮廓铣的主要控制要素为驱动几何（Drive Geometry），系统首先在驱动几何上产生一系列驱动点阵，并将这些驱动点沿着指定的方向投影至零件几何表面，刀具位于与零件表面接触的点上，从一个点运动到下一个切削点。固定轮廓铣刀具路径生成分两个阶段：先在指定的驱动几何上产生驱动点，然后将这些驱动点沿指定的矢量方向投影到零件几何表面形成接触点，如图 8-1、图 8-2 所示。

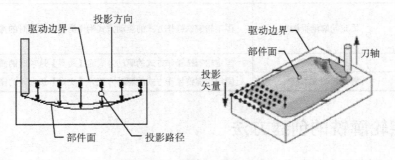

图 8-1　驱动点的投影

在固定轮廓铣中，所有零件几何体都是作为有界实体处理的。相应的，由于曲面轮廓铣实体是有限的，因此刀具只能定位到零件几何体（包括实体的边）上现有的位置。刀具不能定位到零件几何体的延伸部分，但驱动几何体是可延伸的。

8.1.2 固定轮廓铣操作子类型

在 mill_contour 模板集中共有 12 种固定轮廓铣操作子类型方式，如图 8-3 所示。具体功能见表 8-1。

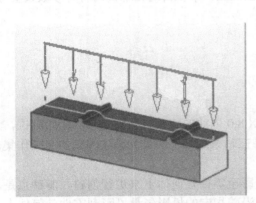

图 8-2 【固定轮廓铣】的投影原理图

图 8-3 固定轮廓铣操作子类型

表 8-1 固定轮廓铣分类及功能

	固定轮廓铣	最基本的固定轮廓铣操作方式。其他固定轮廓铣操作方式均可以看做是该操作方式的不同驱动方式的演变或默认形式
	固定轮廓区域铣	固定轮廓铣操作方式的驱动方式为【区域铣削】选项时的操作方式
	固定轮廓曲面区域铣	固定轮廓铣操作方式的驱动方式为【边界】选项时的操作方式
	固定轮廓清根铣	固定轮廓铣操作方式的驱动方式为【清根】选项时的操作方式
	3-D 轮廓铣	固定轮廓铣操作方式的驱动方式为【边界】选项时的操作方式
	固定轮廓文本铣	固定轮廓铣操作方式的驱动方式为【文本】选项时的操作方式

8.2 固定轮廓铣的创建方法

通过在插入工具条中单击【创建工序】按钮，创建一个固定轮廓铣操作，具体如下：

1）在插入工具条中单击【创建工序】按钮，打开图 8-4 所示的【创建工序】对话框，系统提示选择类型、子类型、位置，并指定操作名称。

2）在【创建工序】对话框的【类型】下拉列表中选择【mill_contour】选项，在【操作子类型】选项组中单击 ⚙【FIXED_CONTOUR】（固定轮廓铣）按钮，然后指定加工类型。

3）在【程序】、【刀具】、【几何体】和【方法】下拉列表中分别做出需要的选择。

4）完成上述操作后，在【创建工序】对话框中单击【确定】按钮，打开【固定轮廓铣】对话框，如图 8-4 所示。系统提示用户指定参数。

5）在【几何体】选项中，指定固定轮廓铣的【几何体】、【指定部件】、【指定检查】、【指定切削区域】等。

6）在【刀轨设置】选项中，指定固定轮廓铣的【方法】、【切削参数】、【非切削移动】、【进给和速度】等。

7）在【选项】中设置刀具轨迹的显示参数，如刀具颜色、轨迹颜色、显示速度等。

8）单击【操作】中的 ▶（生成）按钮，生成刀具轨迹。

9）单击 确定 按钮，验证被加工零件是否产生了过切、有无剩余材料等。完成操作。

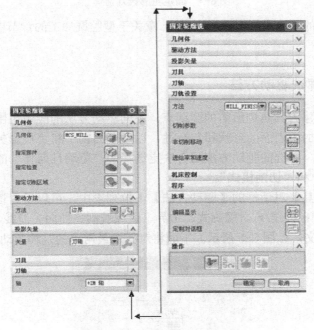

图 8-4 【固定轮廓铣】对话框

8.3 固定轮廓铣的操作参数设置

8.3.1 固定轮廓铣几何体

固定轮廓铣加工的铣削几何体类型根据驱动方式的不同也不完全相同，主要包括指定部件、指定检查、指定切削区域、指定制图文本等几何体。固定轴轮廓铣也没有毛坯几何体，如图 8-5 所示。

1）部件几何体加工零件，也就是最终要得到的产品。可以通过 Mill_Geom 和 WORKPIECE

几何体组定义部件几何体，部件几何体可以是实体，也可以是片体。

　　2）检查几何体用来限制刀轨路线，剪下不想要的刀轨位置，用来保护夹具。

　　3）指定制图文本几何体用来定义加工文字几何体。

　　4）切削区域用来定义部件上要进行切削的区域。

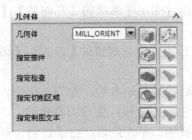

图 8-5　固定轮廓铣几何体

　　以上各种几何体的具体设置方法，在第 6 章关于型腔铣加工的章节中有详细的介绍，这里不再赘述。

8.3.2　固定轴轮廓铣驱动方法

　　驱动方法用于创建刀具轨迹所需的驱动点。不同驱动方法的应用范围是不同的。在选择驱动方法时，应考虑加工表面的形状和复杂性，以及"刀轴"和"投影矢量"等因素，以生成高质量的刀具轨迹。所选的驱动方法还会决定选择的"驱动几何体"的类型，以及可用的"投影矢量""刀轴"和"切削模式"。

　　在【清根参考刀具】对话框的【驱动方法】下拉列表中，可以设置该操作的驱动方法，有 11 种可供选择的项：曲线/点、螺旋式、边界、区域铣削、曲面、流线、刀轨、径向切削、清根、文本、用户定义，如图 8-6 所示。下面将对其中最常用的几种驱动方法进行详细介绍。

图 8-6　固定轮廓铣方式的驱动方法

　　1. 曲线/点驱动

　　【曲线/点】驱动方法通过指定点和选择的曲线来定义"驱动几何体"。指定点后，"驱动路径"生成为指定点之间的线段。指定曲线后，"驱动点"沿着所选择的曲线生成。在这两种情况下，"驱动几何体"先投影到工件表面上，然后在此工件表面上生成"刀轨"。该方式既可以用于固定轴轮廓铣，也可以用于可变轴轮廓铣。【曲线/点】驱动方法常用于工件表面上的轮廓图案的加工。

在【固定轮廓铣】对话框【驱动方法】的【方法】下拉列表中，选择【曲线/点】选项，弹出【曲线/点驱动方法】对话框，如图 8-7 所示。该对话框用于设置曲线/点驱动方法的驱动几何体和相关的驱动参数。

图 8-7　【曲线/点驱动方法】对话框

（1）曲线驱动　曲线驱动方法加工效果如图 8-8 所示。当由曲线定义"驱动几何体"时，刀具沿着"刀轨"按照所选的顺序从一条曲线运动至下一条曲线。所选的曲线可以是连续的，也可以是不连续的。对于开放曲线，所选的端点决定起点；对于闭合曲线，起点和切削方向由选择线段时采取的顺序决定。

（2）点驱动　当由点定义"驱动几何体"时，刀具沿着"刀轨"按照指定的顺序从一个点运动至下一个点。如图 8-9 所示的工件，顺序选择 1、2、3、4 四个驱动点，系统会用直线依次连接所选择的四个驱动点，形成一条折线，再将该折线沿投影矢量的方向投影到部件几何体的表面，生成刀具轨迹。在选择驱动点时，同一个点可以使用多次，只要它在序列中没有被定义为连续的。

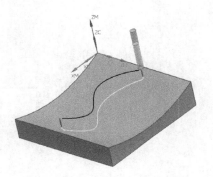

图 8-8　曲线驱动方法加工效果

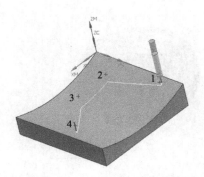

图 8-9　点驱动方法加工效果

（3）定制切削进给率　该选项用于为所选择的每条曲线或每个点分别设定进给率和单位。在指定进给率时，首先指定进给率和单位，然后再选择它们要应用到的点或曲线。对于曲线，进给率将应用到沿着曲线的切削运动。不连续曲线或点之间的连接线为下一条曲线或点的进给率。

（4）切削步长　用于控制沿着"驱动曲线"创建的"驱动点"之间的距离。切削步长越小，生成的驱动点就越近，产生的刀具轨迹也就越精确。可通过指定【公差】或指定点的【数量】两种方式来控制切削步长。

2. 螺旋式驱动

螺旋式驱动用于定义从指定的中心点向外螺旋的驱动点。驱动点在垂直于投影矢量并包含中心点的平面上生成，然后驱动点沿着投影矢量投影到所选择的工件表面上。

在【固定轮廓铣】对话框或【可变轮廓】对话框【驱动方法】的【方法】下拉列表中，选择【螺旋式】选项，弹出【螺旋式驱动方法】对话框，如图 8-10 所示。螺旋式驱动效果如图 8-11 所示。

图 8-10　【螺旋式驱动方法】对话框

图 8-11　螺旋式驱动效果

（1）指定点　即指定螺旋中心点。用于定义螺旋线的中心，它是刀具开始切削的位置。可以通过单击【螺旋式驱动方法】对话框中的 (点构造器) 按钮，弹出【点】对话框来指定一个点作为螺旋中心点，如图 8-12 所示

（2）最大螺旋半径　用于定义螺旋线半径的最大值。通过指定【最大螺旋半径】来限制要加工的区域，从而限制生成的驱动点数目。最大螺旋半径在垂直于"投影矢量"的平面上测量，如图 8-13 所示。

图 8-12　定义螺旋中心点

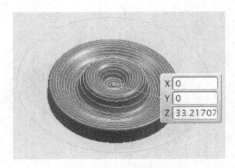

图 8-13　定义螺旋式半径

3．边界驱动

当【驱动方法】为【边界】时，驱动几何体由点和曲线组成，系统将根据选择的驱动几何体（点或曲线）产生驱动点，然后按设置的投影方向投影到部件表面，从而产生刀位轨迹。

在【固定轮廓铣】对话框的【驱动方法】下拉列表中选择【边界】项，此时系统弹出【边界驱动方法】对话框，如图 8-14 所示。

在【边界驱动方法】对话框的【驱动几何体】下单击 (指定驱动几何体) 按钮，此时系统弹出【边界几何体】对话框，如图 8-15 所示。

【边界几何体】设置方法在前面已经介绍，这里不再赘述，请读者自行参照前面相关介绍进行设置。这里仅就【边界驱动方法】对话框的内容进行介绍。

（1）驱动几何体　定义或编辑驱动几何体的边界。

（2）公差　设置边界的内公差大小和外公差大小。

（3）偏置　设置边界材料的余量。

（4）空间范围　通过指定部件表面和表面区域的外部边界来创建环，从而定义切削区域的空间范围，有 3 种方式，分别为无、最大的环、所有的环。

（5）驱动设置　设置一些关于当前驱动方法的参数。

图 8-14　【边界驱动方法】对话框

图 8-15　【边界几何体】对话框

1）切削模式：在该下拉列表中可以选择刀轨的形状，有跟随周边、跟随部件、平行线、径向线、同心圆弧、标准驱动 6 种方式。

2）刀路方向：该下拉列表用来定义刀具从一个切削刀路到下一个切削刀路的移动方式，【切削模式】选为【跟随周边】时，有向内、向外两种方式。

3）切削方向：该下拉列表用来定义跟随周边、同心圆弧、径向线等图样的切削方向，有顺铣、逆铣两种方向。

4）步距：该下拉列表用来设置刀具步进方式，有恒定、残余高度、刀具直径、可变、成角度5种方式。

（6）更多　在选项下给出了一些其他的关于驱动方法的设置参数，其中许多参数在前面的章节中进行了介绍，这里不再赘述。

4. 区域铣削驱动

区域铣削驱动方法是通过指定切削区域来定义固定轮廓铣操作的，读者可以根据需要指定陡峭空间范围。

区域铣削驱动方法与边界驱动方法类似，但前者不需要指定驱动几何体，系统会根据指定的切削区域自动进行处理，即若没有指定切削区域，则系统将部件所有的表面视为切削区域。此外，区域铣削驱动方法使用"固定的自动冲突避免计算"方法，可以有效地降低生成错误刀轨的概率。由于区域铣削驱动的这些优点，许多编程操作者在使用过程中都偏向于用区域铣削驱动方法来代替边界驱动方法。

在【固定轮廓铣】对话框的【驱动方法】下拉列表中选择【区域铣削】项，此时系统弹出【区域铣削驱动方法】对话框，如图8-16所示。

在【区域铣削驱动方法】对话框中，有许多参数与【边界驱动方法】对话框的参数相同，这里不再一一赘述，而仅就【边界驱动方法】对话框中没有的参数进行介绍。

陡峭空间范围　通过设置陡峭角度进一步限制切削区域范围，包含3个选项，分别为无、非陡峭、定向陡峭。该选项可以用于控制波峰高度和避免向陡峭曲面上的材料进刀。

（1）无　用来加工无近似垂直区域的切削区域，刀具路径如图8-17所示。

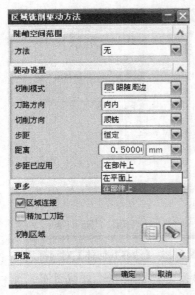

图8-16 【区域铣削驱动方法】对话框

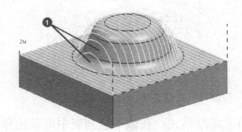

图8-17 【无】选项对应的刀具路径

（2）非陡峭　用于仅加工刀轨陡峭角度小于或等于指定的陡峭角度的切削区域。若切削区域中有非陡峭区域，则可以使用此方式。刀具路径如图8-18所示。此切削区域加工完毕后，剩余部分一般用Z-级铣削方法进行加工，刀具路径如图8-19所示。

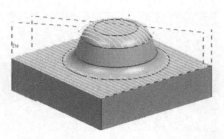

图 8-18　【非陡峭】选项对应的刀具路径

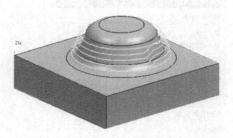

图 8-19　Z-级铣削的刀具路径

（3）定向陡峭　该选项设定的刀具路径通常用来加工大于设定的陡峭角度的切削区域，如图 8-20 所示。

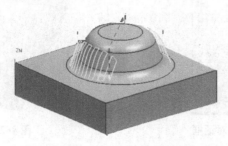

图 8-20　【定向陡峭】选项对应的刀具路径

5. 清根驱动

在清根切削驱动过程中，系统会全面地检查部件几何体，找出在前面的操作中刀具无法进行加工的区域后，系统会自动更换一把小刀或特殊刀具来加工这些区域。

清根切削驱动方法可以使后处理器根据一些最佳的规则来自动决定清根的方向和顺序。读者可以对该驱动方法生成的刀轨进行优化，即让刀具与部件尽可能保持接触并最小化非切削移动。需要注意的是，清根切削只能用于固定轴轮廓操作。

在【固定轮廓铣】对话框的【驱动方法】下拉列表中选择【清根】项，此时系统弹出【清根驱动方法】对话框，如图 8-21 所示。图 8-22 是清根效果图。下面对其中的一些主要参数进行介绍。

（1）驱动几何体　指定关于驱动几何体的参数。

1）最大凹腔：设置要切削的尖锐拐角和凹腔区域。

在实际生产中，凹角较大的区域容易加工，而凹角较小的区域则不容易加工。如图 8-23 所示，160° 的凹角区很容易加工，而凹角区域较小的区域不容易加工，造成剩余材料较多。若希望对剩余的材料进行清理，或跳过先前已经加工过的浅谷，则可以通过最大凹腔指定要忽略的角。如设定【最大凹腔】的值为 120，则系统将只加工凹角小于 120° 的区域，大于 120° 的区域将被忽略。

2）最小切削长度：用来设置刀具路径的最小切削长度。当系统计算的刀具路径小于此设定值时，该路径将被忽略。如图 8-24 所示，当要清除发生在圆角相交处非常短的切削移动时，可以采用此参数进行设置。

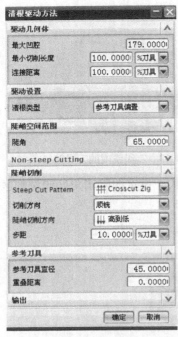

图 8-21 【清根驱动方法】对话框

图 8-22 清根效果图

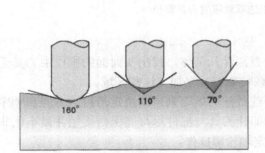

图 8-23 不同形状凹腔的加工效果

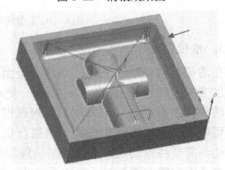

图 8-24 清除小而孤立的刀具路径

3）连接距离：该设置项用来把断开的切削移动连接起来，并且排除小的、不连续刀位轨迹或者刀位轨迹中不需要的间隙。

（2）驱动设置　用于设置清根类型，【清根类型】下拉列表有 3 项选择，分别为单刀路、多刀路、参考刀具偏置。选择不同的清根类型后，将激活不同的参数选项。选中【参考刀具偏置】时，【参考刀具】选项激活。

（3）陡峭空间范围　用于陡峭空间范围设定，在【陡角】文本框中输入角度数值即可。需要注意的是，可以设定的陡峭角度范围为 0℃～90℃。

（4）陡峭切削　设定陡峭切削的参数，分别是 Steep Cut Pattern、切削方向、陡峭切削方向、步距。

（5）输出　在该栏的【切削顺序】下拉列表中，允许更改清根操作的切削顺序。

6．文本驱动

文本驱动用于在工件上加工文字。在【固定轮廓铣】对话框的【驱动方法】下拉列表中选择【文本】项，系统弹出【文本驱动方法】对话框，如图 8-25 所示。

　　然后在绘图区域中选择文本几何体，在切削参数中设置切削深度，完成文本驱动。文本驱动加工效果如同 8-26 所示。

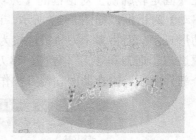

图 8-25　【文本驱动方法】对话框　　　　　图 8-26　文本驱动加工效果

8.3.3　固定轮廓铣的刀轴设定

　　在【固定轮廓铣】对话框【刀轴】选项的【轴】下拉列表中，可以指定加工过程中刀具轴线的方向，如图 8-27 所示，有+ZM 轴、指定矢量两个选项。在【轴】下拉列表中选择【指定矢量】项时，此时系统弹出【矢量】对话框，如图 8-28 所示。读者可在该对话框中根据需要设置任意方向的刀轴。但必须注意：在固定轴轮廓铣中，刀轴方向是唯一的。

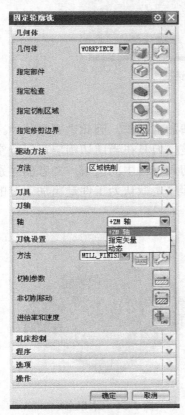

图 8-27　【固定轮廓铣】对话框　　　　　图 8-28　【矢量】对话框

8.3.4　固定轮廓铣的非切削移动

在【固定轮廓铣】对话框的【刀轨设置】下单击🗃（非切削移动）按钮，即可打开【非切削移动】对话框，如图 8-29 所示。该对话框中的设置项用来控制刀具在未切削材料时的各种运动形式，从而将多个刀轨段连接为一个操作中相连的完整刀轨。【非切削移动】对话框能够设置进刀、退刀和移刀（分离、移刀、逼近）运动，刀具补偿等参数，从而协调刀路之间的多个部件曲面、检查曲面和提升操作。

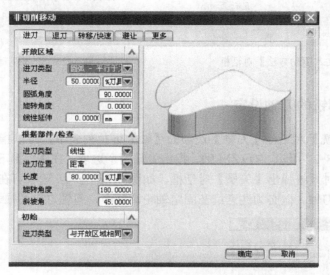

图 8-29　【非切削运动】对话框

1. 进刀方法

与其他进刀方法不同，由于固定轮廓铣加工属于精加工操作，因此进刀方法中，只有开放区域的设置，而没有封闭区域的设置。开放区域是指刀具在当前切削层可以凌空进入的区域；封闭区域是指刀具到达当前切削层之前必须切入材料中的区域。二者的区别如图 8-30、图 8-31 所示。也就是说在固定轮廓铣加工中程序是默认为工件是粗加工过的，其只进行余量加工。

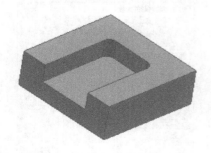

图 8-30　开放区域

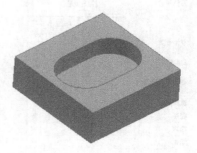

图 8-31　封闭区域

2. 非切削移动的类型

非切削移动的类型包括快进、移刀、逼近、进刀、退刀、分离等，其含义介绍如下：

（1）快进　在安全几何体上或其上方的所有移动过程，如在安全平面上移刀，以及移到或移离出发点、起点、返回点和回零点等动作。

（2）移刀　在安全几何体下方移动，有两种方式：直接、最小安全值 Z 类型等。

（3）逼近　从快进或移刀点到进刀移动起点之间的移动过程。

（4）进刀　使刀具从远离工件的逼近点移到切削刀路起点的移动过程。

（5）退刀　使刀具从切削刀路离开到远离工件的分离点的移动过程。

（6）分离　从退刀移动到快进或退刀到横向的移动过程。

各种非切削移动的效果如图 8-32 所示。

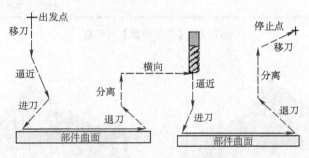

图 8-32　非切削移动效果

8.4　固定轮廓铣的切削参数

在【固定轮廓铣】对话框的【刀轨设置】下单击按钮，系统将自动弹出【切削参数】对话框，如图 8-33 所示。

固定轮廓铣的切削参数中有许多参数与平面铣和型腔铣切削参数相同，下面仅以区域切削驱动方法的切削参数为例，对固定轮廓铣中所特有的切削参数进行介绍。

1. 在凸角上延伸

在凸角上延伸是专门用于轮廓铣削的切削参数，该参数可以防止刀具在切削凸边时出现逗留现象，从而提高加工精度，如图 8-34 所示。当该参数处于勾选状态时，刀具的刀轨将在凸角处有少许抬起，从而跨过凸角，无需执行退刀、横越、进刀等操作；当该参数未处于勾选状态时，刀具将在凸角处切削出一个平台，改变凸角的外形。还可以在【最大拐角角度】文本框中设定一个角度，当切削处的凸角角度小于设定值时，此设置项才起作用，否则不起作用。

2. 在边上延伸

在边上延伸用来控制刀具加工部件周围多余的材料，也可以使用该设置项在刀轨路径的起始点和结束点添加切削移动，以确保刀具平滑地进入和退出部件，此时刀路将以相切的方式在切削区域的所有外部边界上向外延伸，如图 8-35 所示。

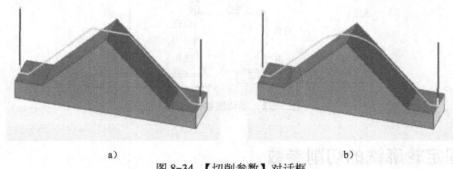

图 8-33 【切削参数】对话框

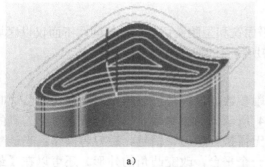

a)

图 8-34 【切削参数】对话框
a）延伸　b）不延伸

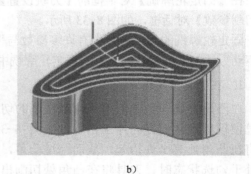

图 8-35 在边上延伸处的效果
a）延伸　b）不延伸

读者可以在【距离】文本框中设置延伸的距离。

3. 多条刀路

在【切削参数】对话框中，单击【多条刀路】选项卡，此时切削参数显示如图 8-36 所示。在该界面下，可以设定通过多条刀路的方式逐级移除材料。

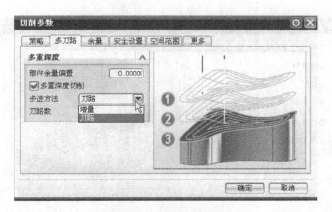

图 8-36　多条刀路设置参数

多条刀路切削方式首先需要指定部件几何体，然后通过将每个切削层的刀轨由刀具接触点沿部件几何体法向偏置而成。由于复杂曲面在逐层切削时，不同层的几何体截面形状不同，因此每一层刀轨都需要重新计算。

多条刀路有两种步进方式：增量和刀路，其切削的总深度为先前设定的部件余量偏置。当选择【增量】方式时，系统将根据设定的增量步长和部件的余量偏置来自动计算切削层数，如图 8-37 所示。

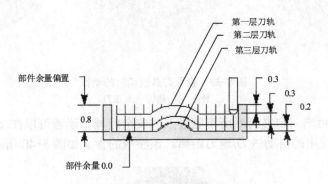

图 8-37　多条刀路切削

需要注意的是，如果部件余量偏置为零，则增量值必须为零且只生成一条刀路；如果部件余量偏置不为零且在【步进方法】下拉列表中选择【刀路】项，则可使用任何正整数并可生成该数量的刀路，这种方式对于精加工切削后的部件平滑切削很有用。

4．安全设置

在【切削参数】对话框中单击【安全设置】选项卡，将显示关于安全设置的项，如图 8-38 所示，包括【检查几何体】和【部件几何体】的安全设置。

（1）检查几何体　定义刀具或刀柄所不能进入的扩展安全区域。读者可以指定发生过切时系统将要采取的动作，包括警告、跳过、退刀 3 项，各项的效果如图 8-39 所示。读者可以在【检查安全距离】文本框中输入一个数值，从而指定系统当刀具或刀柄离扩展安全区域的距离小于设定值时开始执行该命令。

171

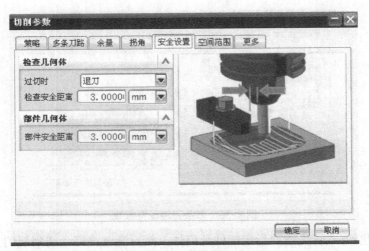

图 8-38 【安全设置】选项卡

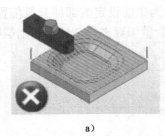 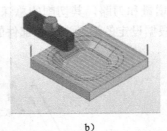 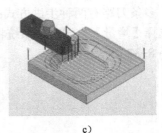

a)   b)   c)

图 8-39 设置刀具过切时的动作

a）警告 b）跳过 c）退刀

（2）部件安全距离 定义刀柄所不能进入的安全区域。读者可以在【部件安全距离】文本框中设定刀具所使用的自动进刀/退刀距离。该参数的含义如图 8-40 所示。

图 8-40 设置部件安全距离

5. 空间范围

在【切削参数】对话框中单击【空间范围】选项卡，将显示关于【刀具夹持器】的项，如图 8-41 所示，包括【使用刀具夹持器】和【使用 2D 工件】两项。

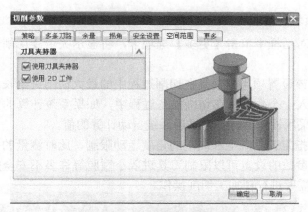

图 8-41　【空间范围】选项卡

1）使用刀具夹持器　当该项前面的复选框处于勾选状态时，系统会自动检查刀具夹持器（即刀柄）是否与工件发生碰撞，如图 8-42 所示。

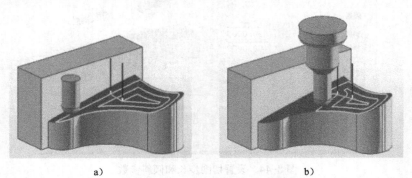

a)　　　　　　　　　　b)

图 8-42　使用刀具夹持器的效果

a）不使用刀具夹持器　b）使用刀具夹持器

2）使用 2D 工件　当该项前面的复选框处于勾选状态时，系统将通过"刀柄碰撞检测"自动寻找已保存的二维工件的操作。若找到该操作，则系统会将其操作的二维工件用做当前操作的修剪几何体，生成刀具路径。该设置可以单独使用，也可以和刀具夹持器设置项一起使用，如图 8-43 所示。

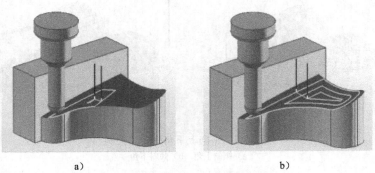

a)　　　　　　　　　　b)

图 8-43　使用 2D 工件的效果

a）使用 2D 工件　b）不使用 2D 工件

173

6. 切削步长、倾斜、清理

在【切削参数】对话框中单击【更多】选项卡，将显示关于【切削步长】和【倾斜】等项，如图 8-44 所示。

（1）切削步长 该设置项用来限制在切削过程中的最大切削进给长度。读者可以在【最大步长】文本框中输入一个数值，在切削加工过程中，如果系统计算的当前切削步长超过此设定值，系统将自动采用设定值，否则采用系统自动计算的值。

（2）倾斜 用来指定刀具向上和向下的角度运动限制，此时测量的基准轴线为刀具的几何中心轴线。通过该参数的设置可以限制刀具进入小型腔等许多不安全的区域进行加工，而实际上这些区域通常需要进行精加工切削操作。

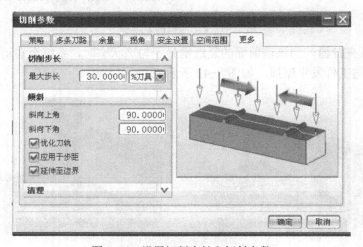

图 8-44 设置切削步长和倾斜参数

1）斜向上角。设定刀具从 0°到指定范围内任何位置向上的斜角，取值范围为 0°～90°，如图 8-45a 所示。

2）斜向下角。设定刀具从 0°到指定范围内任何位置向下的斜角，取值范围为 0°～90°，如图 8-45b 所示。

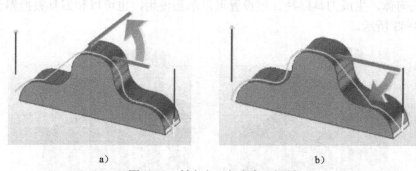

a) b)

图 8-45 斜向上下角度走刀控制
a）倾斜上角 b）倾斜下角

3）应用于步距。该设置项用来控制将指定的倾斜角度应用于步距，如图 8-46 所示。一般和斜向下角度结合使用控制刀具轨迹。

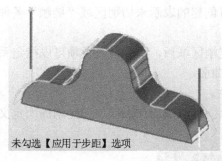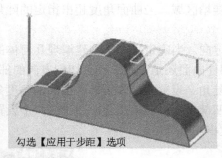

图 8-46 设置【应用于步距】参数

4）优化刀轨。设置【优化刀轨】参数后，当设置了斜向上/斜向下切削角度，且与单向或往复切削结合使用时，系统将在保持刀具与部件尽可能接触的情况下，计算刀轨并最小化刀路之间的非切削运动，如图 8-47 所示。

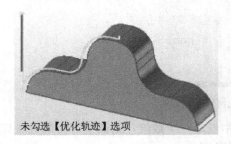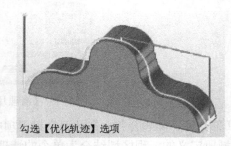

图 8-47 设置【优化轨迹】参数

需要注意的是，此功能只有在斜向上角度为 90°且斜向下角度为 0°～10°时才起作用。

5）延伸至边界。通过该设置项，可以将切削刀路的末端延伸至部件边界，如图 8-48 所示。

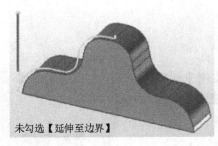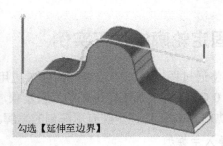

图 8-48 延伸至边界

（3）清理 在【清理】选项下单击 （清理几何体），系统弹出【清理几何体】对话框，如图 8-49 所示。在该对话框中，可以标识仍有未切削材料剩余的点、边界和曲线，在后续加工可使用清理几何体标识出的点、边界和曲线来清理剩余的材料。

1）凹部。用来创建未切削区域的"接触"条件封闭边界。

2）另外的横向驱动。用来控制在边界驱动方法中使用往复切削模式时为低谷生成附加的清理几何实体。

3）陡峭区域。当曲面角度超出指定的陡角时创建的表示未切削区域"接触"条件的封闭边界。

4）定向。当确定了用于创建清理几何体的陡峭区域后，通过该设置项可以指定系统是识别所有部件曲面还是识别平行于切削方向的部件曲面。

5）陡角。设置系统识别部件曲面的角度条件。

6）凹部重叠、陡峭重叠。通过这两个设置项，可以增加在由低谷和陡峭曲面定义的清理区域的大小。

图 8-49　【清理几何体】对话框

7）凹部合并、陡峭合并。在此两个设置项中设定一个数值，则该值可将邻近未切削低谷和陡峭区域所定义的清理区域结合为单个的清理区域。

8）输出类型。在该下拉列表中，可以指定要创建的清理几何体的类型，有边界、点两个选项。

9）保存时自动清理。选择该设置项前的复选框，则系统自动将清理几何体保存为成组的实体。

8.5　固定轮廓铣加工实例

本节将通过图 8-50 所示零件的加工应用实例来说明 VG NX 8.0 CAM 深度加工轮廓铣的一般步骤，使读者对固定轮廓铣加工的加工创建步骤有更深刻的理解。

1. 导入主模型

1）启动 UG NX 8.0 软件。直接双击 NX 8.0 图标，或在【开始】→【程序】中找到 NX 8.0 按钮单击。

图 8-50　固定轮廓铣模型

2）打开部件【CAM8-1.prt】。在 UG NX 8.0 软件中，选择【文件】→【打开】菜单，或在工具栏上单击 按钮，在弹出的【打开部件文件】对话框中选择【CAM8-1.prt】文件，单击 OK 按钮。

3）进入 CAM 模块。在工具栏上单击 开始 按钮，在弹出的下拉菜单中选择【加工】菜单；或者在键盘上按 Ctrl+Alt+M 键进入 UG CAM 制造模块。

4）系统弹出【加工环境】对话框，在【要创建的 CAM 设置】列表框中选择【mill_contour】选项，单击 初始化 按钮，初始化加工环境为固定轮廓铣。

2. 创建刀具

在工具栏中单击加工创建工具条中的 按钮，将弹出【创建刀具】对话框，如图 8-51 所示。在【类型】下拉列表中选择【mill_contour】项；在【刀具子类型】中单击 （MILL）按钮设置刀具的类型；在【名称】文本框中输入 MILL_10R5 作为刀具的名称；其他参数采用默认设置。单击 确定 按钮，完成创建刀具。

系统弹出【铣刀-5 参数】对话框，在【尺寸】下的【(D) 直径】项文本框中输入 10.0000；在【(R1) 下半径】文本框中输入 5.0000；在【长度】文本框中输入 100.0000；在【刀刃】项文本框中输入 2；在【数字】下的【刀具号】项文本框中输入 0，在【长度调整】项文本框中输入 0，在【刀具补偿】项文本框中输入 0，如图 8-52 所示。此时可以在 UG CAM 的主视区预览所创建的刀具的外形，如图 8-53 所示。在【铣刀-5 参数】对话框中单击 确定 按钮，完成刀具参数的设置。

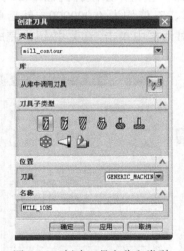

图 8-51   创建刀具名称和类型

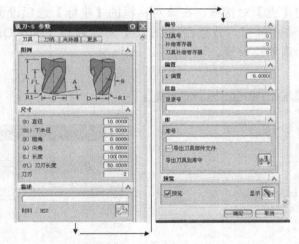

图 8-52   设置刀具参数

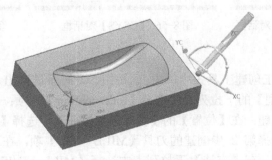

图 8-53   预览刀具外形

3. 设置加工坐标系

1）进入 MCS。在 UG CAM 主界面左侧的导航栏中单击 （操作导航器）按钮，打开【操作导航器】对话框，然后在该对话框内的空白处单击鼠标右键，在弹出的快捷菜单中选择【几何视图】子菜单项，此时显示内容如图 8-54 所示。

图 8-54　几何视图方式

2）选择设定方法。在【操作导航器】内的 MCS_MILL（铣削加工坐标系）图标上双击鼠标左键或单击鼠标右键，在弹出的快捷菜单中选择【编辑】子菜单项，此时系统打开【Mill_Orient】对话框，如图 8-55 所示。在【机床坐标系】下单击图标，在弹出的下拉列表中单击 （原点）项，然后单击 （CSYS 对话框）按钮，此时系统弹出【CSYS】对话框，如图 8-56 所示。

3）指定 MCS。在【CSYS】对话框中单击 （点构造器）按钮，系统弹出图 8-57 所示的【点】对话框。在该对话框的【坐标】选项设置 X、Y、Z 值均为 0.000000，然后单击 确定 按钮。分别在【CSYS】对话框和【Mill_Orient】对话框中单击 确定 按钮，完成坐标系原点设置。

图 8-55　【Mill_Orient】对话框　　　图 8-56　【CSYS】对话框　　　图 8-57　设置坐标系原点

4. 创建操作

1）在工具栏的加工创建工具条中单击 按钮，此时系统弹出【创建工序】对话框，如图 8-58 所示。在【类型】的下拉列表中选择【mill_contour】选项；在【工序子类型】下中单击 （固定轮廓铣）按钮；在【位置】的【程序】下拉列表中选择【NC_PROGRAM】项，在【刀具】下拉列表中选择第 2 步创建的刀具【MILL_10R5】项，在【几何体】下拉列表中选择【WORKPIECE】项，在【方法】下拉列表中选择【MILL_FINISH】项；在【名称】下的文本框中输入 FIXED_CONTOUR_1，设置完毕后，单击 确定 按钮。

2）此时系统自动弹出【固定轮廓铣】对话框，如图 8-59 所示。在【驱动方法】的下拉列表中选择【区域铣削】项，系统弹出【区域铣削驱动方法】对话框，如图 8-60 所示。

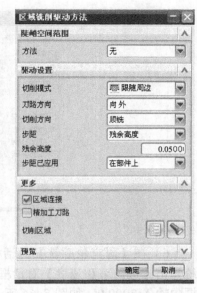

图 8-58 【创建工序】对话框　　图 8-59 【固定轮廓铣】对话框　图 8-60 【区域铣削驱动方法】对话框

3）在【区域铣削驱动方法】对话框的【驱动设置】下的【切削模式】下拉列表中选择【跟随周边】项，在【刀路方向】下拉列表中选择【向外】项，在【切削方向】下拉列表中选择【顺铣】项，在【步距】下拉列表中选择【残余高度】项，在【残余高度】文本框中输入0.0500，在【步距已应用】下拉列表中选择【在部件上】，各项设置完毕后单击 确定 按钮。

4）在【固定轮廓铣】对话框的【几何体】下单击 （指定切削区域）按钮，系统弹出图8-61 所示的【切削区域】对话框。在 UG CAM 的主视区选择图 8-62 所示的区域为切削区域，然后单击 确定 按钮。

5）在【固定轮廓铣】对话框的【刀轨设置】下单击 （切削参数）按钮，系统自动弹出【切削参数】对话框，如图 8-63 所示。在【策略】选项卡下，在【切削方向】下拉列表中选择【顺铣】项，在【刀路方向】下拉列表中选择【向内】项；勾选【边缘滚动刀具】项前面的复选框，设置完毕后，单击 确定 按钮。

图 8-61 【切削区域】对话框

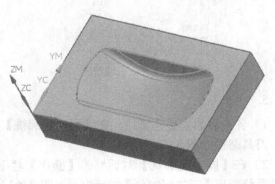

图 8-62 选取切削区域

179

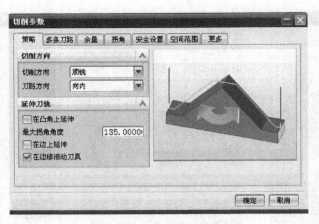

图8-63　设置切削参数

6）在【固定轮廓铣】对话框的【刀轨设置】下单击 🔧 （进给和速度）按钮，此时系统弹出【进给率和速度】对话框。在该对话框的【主轴速度】选项下的【主轴速度】文本框中输入3000.0，如图8-64所示；在【进给率】选项中设置各项参数，如图8-65所示，最后单击 确定 按钮。

图8-64　设定主轴速度

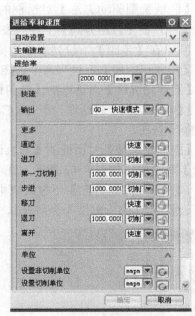

图8-65　设定进给率参数

5. 生成刀轨

1）各种参数设置完毕后，在【固定轮廓铣】对话框的【操作】选项下单击 ⚙ （生成）按钮，刀具路径如图8-66所示。

2）在【固定轮廓铣】对话框的【操作】栏下单击 ⚙ （确认）按钮，进行可视化仿真，此时系统弹出【刀轨可视化】对话框，如图8-67所示。单击【3D动态】选项卡，然后单击 ▶ （播放）按钮，即可进行刀具路径可视化验证，如图8-68所示。

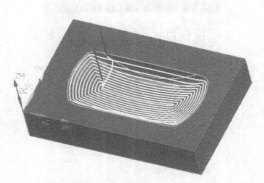

图 8-66　生成刀具路径

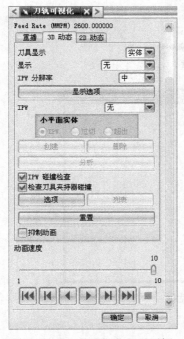

图 8-67　【刀轨可视化】对话框

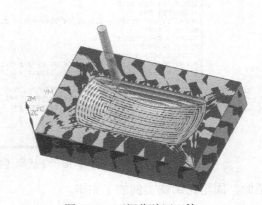

图 8-68　可视化验证刀轨

3）可视化仿真加工结束，经验证刀具路径无误后，在【刀轨可视化】对话框中单击 确定 按钮，然后在【固定轮廓铣】对话框中单击 确定 按钮。

6. 后处理

1）在【操作导航器】中选中创建的操作，然后在 UG CAM 工具栏上单击 后处理 按钮；或者在该操作上单击鼠标右键，在弹出的快捷菜单中选择【后处理】项，系统弹出【后处理】对话框，如图 8-69 所示。

2）在【后处理】对话框的【后处理器】列表中选择【MILL_3_AXIS】项，在【输出文件】下的【文件名】项中，设置要保存的 G 代码文件路径和名称，然后单击 确定 按钮，创建的 G 代码【信息】对话框如图 8-70 所示。读者可以在【信息】对话框中将 G 代码保存到其他位置，操作与 Windows 界面下的操作相同，这里不再赘述。

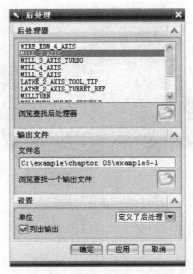

后处理
后处理器
WIRE_EDM_4_AXIS
MILL_3_AXIS
MILL_3_AXIS_TURBO
MILL_4_AXIS
MILL_5_AXIS
LATHE_2_AXIS_TOOL_TIP
LATHE_2_AXIS_TURRET_REF
MILLTURN
浏览查找后处理器
输出文件
文件名
C:\example\chaptor 05\example5-1
浏览查找一个输出文件
设置
单位
定义了后处理
列出输出
确定
应用
取消

图 8-69 【后处理】对话框

信息
文件(F)　编辑(E)
%
N0010 G40 G17 G90 G70
N0020 G91 G28 Z0.0
:0030 T01 M06
N0040 G1 G90 X.757 Y-7.2452 Z4.7244 F98.4 S1200 M03 M08
N0050 Z.1181
N0060 Z.0394 F39.4
N0070 Z-.0787
N0080 X.5604 Y-7.1271
N0090 G2 X-.007 Y-6.7397 I3.06 J5.0922 F42.2
N0100 X-.5684 Y-7.1271 I-3.7344 J4.812 F42.1
N0110 G1 X-1.5914 F31.5
N0120 G3 X-1.0117 Y-6.8522 I-1.8768 J4.7065 F42.7
N0130 X-.0077 Y-6.1421 I-2.7297 J4.9245 F42.3
N0140 X1.5949 Y-7.1271 I3.6281 J4.1072 F42.4
N0150 G1 X1.8919 Y-7.2452 F47.2
N0160 Z.0394
N0170 Z.1181 F78.7
N0180 X7.7106 Y-6.4585

图 8-70　G 代码【信息】对话框

至此，固定轮廓铣实例加工完毕。

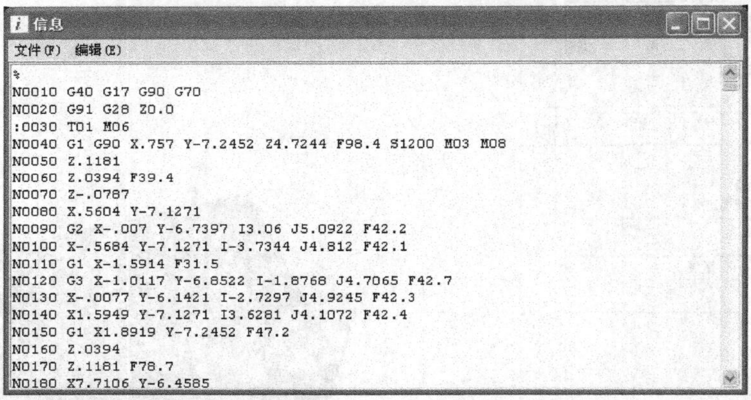

第 9 章 UG CAM 点位加工

内容提要：本章主要介绍了点位加工的创建方法、钻孔循环类型及点到点加工的循环参数设定。

重点掌握：点位加工的创建方法、点位指定方法应用、避让的用法、钻孔循环类型和点到点加工的循环参数设定。

9.1 点位加工介绍

9.1.1 点位加工概述

点位加工即 "DRILL"，也就是孔加工。UG NX 8.0 CAM 为用户提供了多种孔加工的功能方法，包括钻孔、镗孔、沉孔、扩孔、铰孔、攻螺纹、铣螺纹、电焊、铆接等操作。

在创建点位加工时只需指定要加工的点位置、加工的表面和底面，不需指定几何体，操作简单。此外，当零件中出现多个直径相同的孔时，可通过指定不同的循环方式和循环参数组进行加工，不需要分别指定每个孔进行加工。当孔径相同的孔，可以设置为循环参数组，一次完成同类孔，不需分次加工，减少了加工时间，提高了加工效率，不需要换刀和重新定位。加工孔可以是通孔、不通孔、中心孔、沉孔等。

9.1.2 点位加工操作子类型

点位加工共有 14 种子类型，不同的模板定义不同的点位加工，其各子类型如图 9-1 所示，各子类型作用见表 9-1。

表 9-1 点位加工操作子类型作用

SPOT-FACING	扩孔。在零件表面上扩孔，是带有停留的钻孔循环
SPOT-DRILLING	中心钻。主要用来钻定位孔，是带有停留的钻孔循环
DRILLING	普通钻孔。钻孔加工的基本操作，一般情况下利用该加工类型即可满足点位加工的要求
PECK-DRILLING	啄钻。采用间断进给的方式钻孔，每次啄钻后退出孔，以清除孔屑
BREAKCHIP-DRILLING	断屑钻。每次啄钻后稍稍退出以断屑，并不退到该加工孔的安全点以上。适合于加工韧性材料
BORING	镗孔。利用镗刀将孔镗大
REAMING	铰孔。利用铰刀将孔铰大，铰孔的精度高于钻孔
COUNTERBORING	平底沉孔。将沉孔加工成平底
COUNTERSINKING	倒角沉孔。可以钻锥形沉头孔
TAPPING	攻螺纹
HOLE_MILLING	铣孔
THREAD-MILLING	螺纹铣，使用螺旋铣刀铣削螺纹孔
MILL_CONTROL	切削控制
MILL_USER	用户自定义

9.1.3 点位加工刀具子类型

在 UG CAM 主界面的加工创建工具条中单击  命令，系统弹出【创建刀具】对话框，在【类型】下拉列表中选择【drill】项，如图 9-2 所示；在【刀具子类型】栏中列出了可以创建的刀具类型。

图 9-1 点位加工操作子类型

图 9-2 【创建刀具】对话框

点位加工各刀具子类型名称见表 9-2。

表 9-2 点位加工操作子类型

SPOTFACING-TOOL	扩孔刀
SPOTDRILLING-TOOL	中心钻刀
DRILLING-TOOL	普通麻花钻刀
BORING-BAR	镗孔刀
REAMER	铰孔刀
COUNTERBORING-TOOL	沉孔刀
COUNTERSINKING-TOOL	倒角沉孔刀
TAPPING	丝锥刀
THREAD-MILLING	螺纹铣刀

9.2 孔加工的创建方法

通过在插入工具条中单击【创建工序】按钮，创建一个孔加工操作，具体如下：

1）在插入工具条中单击【创建工序】按钮，打开【创建工序】对话框，系统提示选择类型、子类型、位置，并指定操作名称。

2）在【创建工序】对话框的【类型】下拉列表中选择【drill】选项，在【工序子类型】选项组中单击 【SPOT_FACING】（孔加工）按钮，然后指定加工类型。

3）在【程序】、【刀具】、【几何体】、【方法】下拉列表中分别做出需要的选择。

4）完成上述操作后，在【创建工序】对话框中单击【确定】按钮，打开【孔加工】对话框，如图 9-3 所示。系统提示用户指定参数。

5）在【几何体】选项中，指定【几何体】、【指定孔】、【指定顶面】参数。

6）在【刀轨设置】选项中，指定【方法】、【避让】、【进给率和速度】等参数。

7）在【选项】操作中设置刀具轨迹的显示参数，如刀具颜色、轨迹颜色、显示速度等。

8）单击【选项】中的 （生成）按钮，生成刀具轨迹。单击 【确认】按钮，验证被加工零件是否产生了过切、有无剩余材料等。完成操作。

图 9-3 【孔加工】对话框

9.3　点加工几何体

9.3.1　创建点加工几何体

在 UG CAM 主界面的加工创建工具条中单击 按钮，此时系统弹出【创建几何体】对话框，如图 9-4 所示，在【类型】下拉列表中选择【drill】项。

在【创建几何体】对话框中，加工坐标系和工件的创建方法与平面铣削中的创建方法相同，这里不再赘述。下面主要介绍钻削加工几何体的创建。

在【创建几何体】对话框的【几何体子类型】下中单击 （钻削加工几何体）按钮，其他项采用默认值，然后单击 确定 按钮，此时系统弹出【钻加工几何体】对话框，如图 9-5 所示。

（1） （指定孔）　用于选择或编辑钻孔位置。

（2） （指定部件表面）　用于选择或编辑部件表面。该选项主要用来控制刀轴的方向，即将选择的表面作为刀轴方向的参照。

（3） （指定底面）　用于选择或编辑底面。该按钮主要用来控制钻孔深度，将选定的底面作为深度参照。

（4） （显示）　显示选择几何体。

（5）刀轴　用来设置刀轴方向，有 3 个选项，分别为+ZM 轴、指定矢量、垂直于部件表面。

185

图 9-4 【创建几何体】对话框

图 9-5 【钻加工几何体】对话框

9.3.2　指定孔

在【钻加工几何体】对话框的【几何体】下中单击（指定孔）按钮，此时系统弹出【点到点几何体】对话框，如图 9-6 所示。

1.　选择

选择按钮用来选择钻孔点的位置。在【点到点几何体】对话框中单击 选择 按钮，系统弹出【选择钻孔位置】对话框，如图 9-7 所示。列表中按钮意思解释如下。

图 9-6 【点到点几何体】对话框

图 9-7 【选择钻孔位置】对话框

（1）【Cycle 参数组–1】　该命令用来设置选择钻孔位置所属的参数组。

（2）【一般点】　通过点构造器方式选择钻孔位置。

（3）【组】　选择设置点组作为钻孔位置。

（4）【类选择】　通过类选择方式选择钻孔位置。

（5）【面上所有孔】　选择面上孔位置作为钻孔位置。

（6）【预钻点】　选择预钻点位置作为钻孔位置。

（7）【最小直径—无】　设置选择孔的最小直径，小于该值则不能选择。

（8）【最大直径—无】　设置选择孔的最大直径，大于该值则不能选择。

（9）【选择结束】　终止选择孔。

（10）【可选的—全部】　设置选择某种对象作为钻孔位置。

2．附加

如果在选择了钻孔的位置后，需要增加钻孔的位置，则在【点到点几何体】对话框中单击 附加 按钮，系统将仍然弹出【选择钻孔位置】对话框。

3．省略

省略可从前面已选点中剔除某些点。如图 9-8 所示。

图 9-8　【省略】对话框

4．优化

优化 按钮用来优化钻孔顺序。在【点到点几何体】对话框中单击 优化 按钮，系统弹出【优化方式】对话框，如图 9-9 所示。下面对各选项做如下介绍：

（1）Shortest Path（最短路径）　单击该按钮后，系统将按照最短刀具路径对点进行重新排序。

（2）Horizontal Bands（水平分布）　单击该按钮后，系统将按照水平方向（平行于 XC 方向）定义点的顺序。

（3）Vertical Bands（垂直分布）　单击该按钮后，系统将按照垂直方向（平行于 YC 方向）定义点的顺序。

（4）Repaint Points -是（重新显示）　单击该按钮后，系统将重新显示优化后点的顺序。

在【优化方式】对话框中单击 Shortest Path 按钮，系统弹出【最短刀具路径优化】对话框，如图 9-10 所示。

图 9-9　【优化方式】对话框

图 9-10　【最短刀具路径优化】对话框

下面对【最短刀具路径优化】对话框中的各个按钮的功能进行介绍。该对话框的功能是最常用的功能。

（1） Level -标准 、 Level -高级 　该按钮有高级、标准两种方式。读者可以通过该按钮的设置，根据处理器需要的时间决定最短刀轨。采用【Level-高级】方式能得到最高的加工效率，但处理时间较长。

（2） Based on -距离 　在使用固定轴钻削时，只能使用【Based on-距离】方式优化刀轨；而使用可变轴钻削时，则可以加入刀轴方向。

（3） Start Point -自动 　该按钮可以用来控制刀轨的起点。

（4） End Point -自动 　该按钮可以用来控制刀轨的终点。

（5） Start Tool Axis-不可用 　当刀轨为可变轴刀轨时，该按钮可以用来设置开始时的刀轴方向。

（6） End Tool Axis -不可用 　当刀轨为可变轴刀轨时，该按钮可以设置结束时的刀轴方向。

（7） 优化 　当刀具路径优化各参数设置完毕后，单击该按钮可以用来优化钻削顺序。Horizontal Bands 和 Vertical Bands 优化方式较简单，这里不再赘述。

5. 显示点

显示点用来在视图窗口中显示加工点，在【选择】、【附加】、【忽略】、【避让】或【优化】选项等操作后验证所选择的各加工点。

6. 避让

避让 按钮用来设置起点和终点位置的退刀距离，如图 9-11 所示。

在【点到点加工几何体】对话框中单击 避让 按钮，然后根据提示选择起点和终点位置，系统自动弹出【退刀安全距离】对话框，如图 9-12 所示。

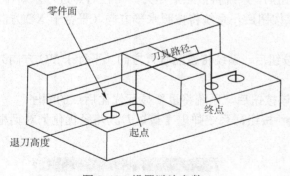

图 9-11　设置避让参数　　　　　　图 9-12　【退刀安全距离】对话框

（1） 安全平面 （安全平面）　该按钮用来设置安全平面高度为起点和终点的退刀距离。只有在前面定义了安全平面后，此参数才能起作用。

（2） Distance -0.0000 （Distance 距离-0.0000）　该按钮用来设置起点和终点的退刀距离。

需要注意的是，避让命令允许读者自定义为相邻两钻孔点定义退刀距离，但需要首先定义一个开始点、终止点和避让距离。

7. 反向

反向用于使前面已选择的加工位置的加工顺序颠倒。可用于同一组加工位置中进行"背对背"操作，例如螺纹和攻螺纹。在按一定顺序加工钻削完所有孔后，接着从最后一孔到第一孔顺序攻螺纹，不需要再安排刀具路径。

8. 圆弧轴控制

圆弧轴控制用于显示和/或反转前面已选的圆弧或片体上孔的轴线方向，保证用做刀轴的圆弧和孔的轴线正确的方向，如图 9-13 所示。

（1）显示　用于单个或全部方式显示圆弧轴和孔轴，如图 9-14 所示。

（2）反向　可以按照单个或全体方式翻转圆弧轴和孔轴。

图 9-13　【圆弧轴控制】对话框

图 9-14　【显示】对话框

9. RAPTO 偏置

RAPTO 偏置用于指定刀具开始运动时偏置距离可以对所选择的每一个点、圆弧和孔定义一个 RAPTO 值，如图 9-15 所示。

图 9-15　【RAPTO 偏置】对话框

9.3.3　指定部件表面

部件表面是指刀具对工件的切入点，可以是被加工工件的现有面，也可以是一个一般平面，如果没有定义部件表面，那么系统会默认每个选定点的位置为【部件表面】。图 9-16 所示是部件表面和底面示意。

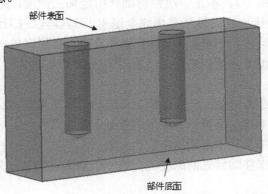

图 9-16　部件表面和底面

9.3.4　指定部件底面

部件底面用于指定导轨的切削下限。部件底面可以是加工部件的现有平面，也可以指定一个一般平面。可以在【模型深度】选项文本框中写入数值。

9.4　钻孔循环

9.4.1　循环类型

为了满足不同类型孔的加工工艺要求，NX 8.0 CAM 为客户提供了 14 种循环类型。通过这些循环类型，可以轻松地控制刀具的切削运动，如图 9-17 所示。

在选择循环类型时，无循环、啄钻和断屑钻孔将不输出循环命令语句，它们的运动类似于 GOTO 点；而标准循环方式将在每个指定的刀具位置点输出循环命令语句。

1. 无循环

无循环是循环不产生 Cycle（循环指令）命令，直接使用 GOTO 命令实现点位加工，系统也不打开【参数组】对话框，无需设置循环参数。一般用来加工数量较少且尺寸大小和加工要求相同的孔。产生的运动轨迹为

图 9-17　钻孔循环类型

1）以进给率将刀具移动到第一个操作安全点处。

2）以切削进给率沿着刀轴将刀具移动至允许刀尖清除的底面（如没有激活底面参数，则移动至指定深度）。

3）以退刀进给率将刀具退至操作安全平面处。

4）以快速进给率将刀具移动至下一个操作安全处。

2. 啄钻

啄钻是在每个选定的加工点处产生啄钻循环。它包含一系列以递增的中间增量钻入并退出孔的运动。啄钻过程中，刀具不是一次性切削到指定加工深度，而是首先钻到一个指定的中间深度，然后以退刀进给率将刀具从孔中完全退出，刀具再以进刀进给率移动至当前深度，刀具以切削进给率移动至下一个增量深度处。如此反复，直到完成一个孔的钻削加工。这样的运动可以使刀具带出切屑并使切削液进入孔中得到良好的冷却。适合于加工深度较大的孔，效率较低。

系统使用 GORO 命令语句来生成描述和刀具运动，不产生 Cycle 命令。运动轨迹为

1）刀具以循环进给率移动至第一个中间增量处。

2）刀具以退刀进给率从孔中退到操作安全点处。

3）刀具以进刀进给率移动到先前深度之上的一个安全点处（该深度由选择啄钻后的步距间隙提示定义）。

4）刀具以循环进给率移动至下一个中间深度处，该深度由增量选项定义。这个增量可以

是"无"、"常量"、"变量"。这一系列刀具运动将不断继续，直到刀具钻至刀具指定的孔深度，然后刀具以退刀进给率退至操作安全平面处。

5）系统以快速进给率定位到下一个钻孔位置，然后开始下一个运动的循环。

3. 断屑

断屑是在每个选定的加工点处生成断屑循环。其和啄钻基本相同，区别是其完成每次增量钻孔深度后刀具并不完全从孔中退出，而是退到上一个切削深度，然后再向下钻至指定深度。刀具运动如下：

1）刀具以循环进给率沿着刀轴钻至第一个中间增量位置处。

2）刀具从当前位置以退刀进给率返回至前一个安全点处，这段距离由"距离"提示定义。

3）刀具以循环进给率继续钻至下一个中间深度。这一系列刀具运动将不断继续，直至刀具钻至指定孔的深度并退至前一个安全点。

4）刀具以快速进给率退刀至安全平面。

4. 标准文本

该方式在每一个被选中的加工位置上进行标准循环，选择该项系统会弹出【输入文本】对话框。在文本框中输入循环文本后单击【确定】按钮，弹出【指定参数组】对话框，然后指定循环参数的数据。

5. 标准钻

选择该选项后系统弹出【指定参数组】对话框，指定循环参数组的数目后单击【确定】按钮，弹出【循环参数】对话框，设置完各个循环参数组的循环参数就生成了一个标准钻。下面的【标准钻，埋头孔】、【标准钻，深度】、【标准，断屑】与上诉操作相同，不再赘述。

6. 标准攻丝

在每个选定的切削点处生成标准攻螺纹循环，一个典型的攻螺纹序列包含指定深度、主轴反向、退刀。

7. 标准镗

在每个选定的切削点处生成标准镗循环，一个典型的标准镗孔程序包括指定深度、退刀。

8. 标准镗，快退

在每个选定的切削点处生成循环，一个典型的标准镗、快退孔程序包括指定深度、主轴停止、退刀。

9. 标准镗，横向偏置后快退

在每个选定的切削点处生成循环，一个典型的标准镗横向偏置后快退孔程序包括指定深度、主轴停止、定位、沿主轴定位方向偏置、退刀。

10. 标准镗，背镗

在每个选定的切削点处生成循环，一个典型的标准镗、背镗孔程序包括指定深度、主轴停止、定位、垂直于刀轴的偏置运动、沿主轴定位方向偏置、主轴起动、退刀。

11. 标准镗，手动退刀

在每个选定的切削点处生成循环，一个典型的标准镗、手工退刀孔程序包括指定深度、主轴停止、程序停止，然后操作工人手动从孔中退出刀具。

9.4.2　最小安全距离

当刀具以快速进给率到达加工孔的上方的最小安全距离处，系统将以设定的切削进给率进入零件加工表面开始加工。加工结束，刀具退刀到安全平面，如图 9-18 所示。

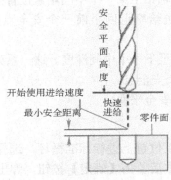

图 9-18　最小安全距离参数

9.5　点到点加工的循环参数

循环参数是精确定义刀具运动和状态的加工特征，其中包括进给率、停留时间和切削增量等。在 UG CAM 的点到点加工中，每个孔的加工状态叫一个循环。每个循环最多有五个循环参数组可以设置，它允许在一个操作中加工不同深度的孔。在每个循环参数组中包含的参数称为循环参数。循环参数对话框如图 9-19 所示，选择不同的循环模式时，所显示的参数略有不同。下面对【Cycle 参数】对话框中的参数进行介绍。

（1） Depth (Tip)（深度）　设置刀具的背吃刀量。

（2） 进给率 (MMPM)（进给率）　设置切削运动的进给率。

（3） Csink 直径（埋头孔直径）　设置埋头孔的直径。

（4） Dwell（孔底停留时间）　设置刀具在到达背吃刀量时的延迟、停留时间。

（5） Option（操作）　对应某些机床特有的加工特性，通常与后处理有关。

（6） CAM（特殊功能代码）　对于 Z 轴不可编程的机床，通过该按钮可以指定一个预置的CAM 停刀位置数值，从而控制刀具深度。

（7） 入口直径　设定一个已有孔的外径，该外径可以在沉头孔工步中用来扩孔。

（8） Rtrcto（退刀）　设置循环过程中加工一个孔后的退刀距离。

（9） Increment（增量）　在啄式和断屑式钻孔工步中，通过该按钮可以设置一系列递增的深度值，用来进行有规律的深度切削方式钻孔加工。

（10） Step 值（步进值）　在 Standard-Drill、Deep 和 Standard-Drill、Break Chip 工步中，通过该按钮设定一系列递增的深度值，用来进行有规律的深度切削方式钻孔加工。

图 9-19　不同模式的【Cycle 参数】对话框

9.6　Cycle 深度

在【Cycle 参数】对话框中单击 Depth (Tip) 按钮，系统弹出【Cycle 深度】对话框，如图 9-20 所示。

在【Cycle 深度】对话框中，通过单击不同的按钮可以设置不同的加工深度方式，各按钮的作用如图 9-21 所示。

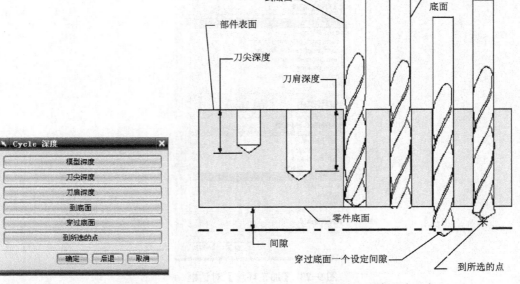

图 9-20　【Cycle 深度】对话框

图 9-21　不同的加工深度方式示意

9.7　点位加工实例

本实例将通过一个接头零件来介绍在 UG CAM 中进行点到点加工的详细操作方法。通过操作内容的学习，进一步熟悉点到点铣削参数的含义和设置方法。接头零件加工后的三维效果如图 9-22 所示。

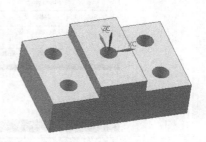

图 9-22　孔加工模型

9.7.1　中心孔的加工

本步骤主要对接头零件上要钻孔的地方加工出中心孔，为下一步的钻孔做准备。

1. 导入主模型

1）启动 UG NX 8.0 软件。直接双击 NX 8.0 图标，或在【开始】→【程序】中找到 NX 8.0 按钮单击。

2）打开部件【CAM9-1.prt】。在 UG NX 8.0 软件中，选择【文件】→【打开】菜单，或在工具栏上单击 🔧 按钮，在弹出的【打开部件文件】对话框中选择【CAM9-1.prt】文件，单击 OK 按钮。

3）进入 CAM 模块。在工具栏上单击 开始· 按钮，在弹出的下拉菜单中选择【加工】菜单；或者在键盘上按 Ctrl+Alt+M 键进入 UG CAM 制造模块。

4）系统弹出【加工环境】对话框，在【要创建的 CAM 设置】列表框中选择【drill】选项，如图 9-23 所示；单击 初始化 按钮，初始化加工环境为点到点加工。

图 9-23　【加工环境】对话框

2．创建刀具

1）在工具栏中单击加工创建工具条中的 ![创建刀具] 按钮，弹出【新建刀具】对话框。在【类型】下拉列表中选择【drill】项；在【刀具子类型】中单击 ![C]（点钻）按钮设置刀具的类型；在【名称】文本框中输入【DRILLING_TOOL_10】作为刀具的名称；其他参数采用默认设置，单击 ![确定] 按钮完成刀具参数的设置，如图 9-24 所示。

2）系统弹出【钻刀】对话框，在【尺寸】的【（D）直径】项文本框中输入 10.0000，在【（L）长度】项文本框中输入 105.0000；在【数字】的【刀具号】项文本框中输入 1，在【长度补偿】项文本框中输入 1，如图 9-25 所示。此时可以在 UG CAM 的主视区预览所创建的刀具的外形，如图 9-26 所示。单击 ![确定] 按钮完成刀具的参数设置。

图 9-24　创建刀具名称和类型

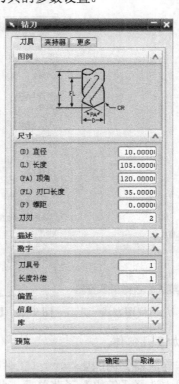

图 9-25　设置刀具参数

195

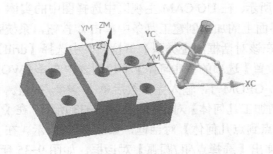

图 9-26　预览刀具外形

3. 设置加工坐标系

1）在 UG CAM 主界面左侧的导航栏中单击 ⊾（操作导航器）按钮，打开【操作导航器】对话框，然后在该对话框内的空白处单击鼠标右键，在弹出的快捷菜单中选择【几何视图】子菜单项，此时显示内容如图 9-27 所示。

2）在【操作导航器】内的 ⊾MCS_MILL（加工坐标系）图标上双击鼠标左键或单击鼠标右键，在弹出的快捷菜单中选择【编辑】项，此时系统将打开【Mill_Orient】对话框，如图 9-28 所示。在【机床坐标系】下中单击 图标，在弹出的下拉列表中单击 ⊾（原点）项，然后单击 （CSYS）按钮，此时系统弹出【CSYS】对话框，在【参考】下拉菜单中选择【绝对】，如图 9-29 所示。

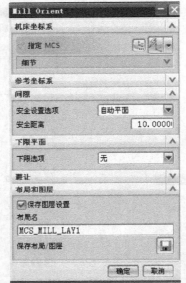

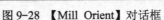

图 9-27　几何视图方式　　　　图 9-28　【Mill_Orient】对话框　　　　图 9-29　【CSYS】对话框

4. 设置加工几何体

在【操作导航器】内的 ⊾WORKPIECE（工件毛坯）图标上双击鼠标左键或单击鼠标右键，在弹出的快捷菜单中选择【编辑】子菜单项，此时系统弹出【工件】对话框，如图 9-30 所示。

1）在【工件】对话框的【几何体】下单击 （指定部件）按钮，此时系统弹出【部件几何体】对话框，如图 9-31 所示。在 UG CAM 主视区中选择图中的实体，然后单击 确定 按钮。

2）在 UG CAM 主界面上的加工创建工具条中单击 按钮，系统弹出【创建几何体】对话框，如图 9-32 所示。在该对话框的【类型】下拉列表中选择【drill】项；在【几何体子类型】下单击 按钮；在【位置】选项的【几何体】下拉列表中选择【WORKPIECE】项；在【名称】文本框中输入 DRILL_GEOM_1，输入完参数后单击 确定 按钮。

3）此时系统弹出【钻加工几何体】对话框，如图 9-33 所示。在【几何体】下单击 （指定孔）按钮，系统弹出【点到点几何体】对话框，如图 9-34 所示。在【点到点几何体】对话框中单击 选择 按钮，系统弹出【选择点/孔/圆弧】对话框，如图 9-35 所示。按图 9-36 中的顺序选择平面上的 4 个圆孔的边线，然后单击 确定 按钮。

图 9-30 【工件】对话框

图 9-31 【部件几何体】对话框

图 9-32 【创建几何体】对话框

图 9-33 【钻削加工几何体】对话框

197

图 9-34 【点到点几何体】对话框

图 9-35 【选择点/孔/圆弧】对话框

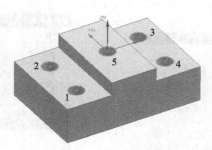

图 9-36　选择圆孔边线

4）在【点到点几何体】对话框中单击 避让 按钮，系统弹出【选择点】对话框，如图9-37所示。按照孔顺序选择孔 1 和孔 4，此时系统自动弹出【设置退刀安全距离】对话框，如图9-38 所示。单击 距离 按钮，系统弹出图9-39 所示的【距离】对话框，在【距离】文本框中输入 70.0000，然后单击 确定 按钮。

图 9-37　【选择点】对话框　　　图 9-38　【设置退刀安全距离】对话框　　　图 9-39　【距离】对话框

5）在【点到点几何体】对话框中单击 确定 按钮，返回到【钻加工几何体】对话框。在【钻加工几何体】对话框的【几何体】下中单击 （指定部件顶面）按钮，系统弹出【顶面】对话框，如图9-40 所示。选择图9-41 中的表面，选择完毕后单击 确定 按钮，返回到【钻加工几何体】对话框。

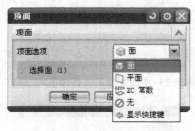

图 9-40　【顶面】对话框　　　　　　　　　　图 9-41　选取部件表面

6）在【钻加工几何体】对话框的【几何体】下单击 （指定底面）按钮，系统弹出【底面】对话框，如图9-42 所示。选择图9-43 中的表面作为底面，在对话框中单击 确定 按钮。

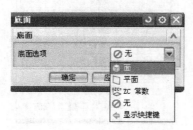
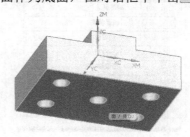

图 9-42　【底面】对话框　　　　　　　　　　图 9-43　选取底面

198

5. 创建操作

1）在工具栏的加工创建工具条中单击 按钮，此时系统弹出【创建操作】对话框，如图 9-44 所示。在【类型】下拉列表中选择【drill】项；在【操作子类型】下单击 （Spot Drilling）按钮；在【位置】的【程序】下拉列表中选择【NC_PROGRAM】项，在【刀具】下拉列表中选择第 2 步创建的刀具【DRILLING_TOOL_10】项，在【几何体】下拉列表中选择【WORKPIECE】项，在【方法】下拉列表中选择【METHOD】项；在【名称】文本框中输入 SPOT_DRILLING_1。设置完毕后，单击 确定 按钮。

2）此时系统自动弹出【定心钻】对话框，如图 9-45 所示。在【定心钻】对话框的【循环类型】中单击 （编辑）按钮，系统弹出【指定参数组】对话框，如图 9-46 所示。

图 9-44 【创建操作】对话框

图 9-45 【定心钻】对话框

图 9-46 【指定参数组】对话框

3）在【指定参数组】对话框中单击 确定 按钮，此时系统弹出图 9-47 所示的【Cycle 参数】对话框。在该对话框中单击 Depth (Tip)（深度）按钮，系统弹出【Cycle 深度】对话框，如图 9-48 所示。单击 刀尖深度 按钮，系统弹出【刀尖深度】对话框，如图 9-49 所示。在【深度】文本框中输入 2.0000，然后依次单击 确定 按钮直至退回【定心钻】对话框。

图9-47 【Cycle 参数】对话框

图9-48 【Cycle 深度】对话框

图9-49 【刀尖深度】对话框

4）在【定心钻】对话框的【循环类型】下的【最小安全距离】文本框中输入 5.0000，然后在【刀轨设置】下单击 （避让）按钮，系统弹出【避让】对话框，如图9-50 所示。在该对话框中单击 Clearance Plane 按钮，系统弹出【安全平面】对话框，如图9-51 所示。

图9-50 【避让】对话框

图9-51 【安全平面】对话框

5）在【安全平面】对话框中单击 指定 按钮，系统弹出【平面】对话框，如图9-52 所示。选择图9-53 中模型的顶面作为约束面，然后在【距离】文本框中输入50，设置完毕后单击 确定 按钮直至返回【定心钻】对话框。

图9-52 【平面】对话框

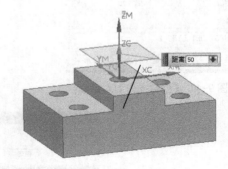
图9-53 设定安全平面

6）在【定心钻】对话框的【刀轨设置】下单击 （进给和速度）按钮，系统弹出【进给】对话框。在该对话框的【主轴速度】下的【主轴速度（rpm）】文本框中输入 2800.000，如图9-54 所示。

7）在【进给】对话框的【进给率】选项中，设置各项进给率参数的数值如图9-55 所示，最后单击 确定 按钮。

200

图 9-54　设置主轴速度

图 9-55　设置进给率参数

6.　生成刀轨

1）各种参数设置完毕后，在【定心钻】对话框的【操作】选项下单击 (生成) 按钮，生成刀具路径如图 9-56 所示。

2）在【定心钻】对话框下面单击 (确认) 按钮，进行可视化仿真。此时系统弹出【刀轨可视化】对话框，单击【3D 动态】选项卡，然后单击 (播放) 按钮，即可进行刀具路径可视化验证，经验证刀具路径无误后，在【刀轨可视化】对话框中单击 确定 按钮，然后在【定心钻】对话框中单击 确定 按钮。完成操作。

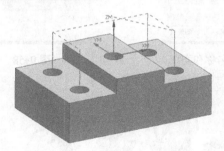
图 9-56　生成刀具路径

9.7.2　固定循环钻孔

本节将在 9.7.1 节中加工的中心孔位置上，完成钻孔操作。

1.　创建刀具

1）在工具栏中单击加工创建工具条中的 按钮，弹出【新建刀具】对话框。在【类型】的下拉列表中选择【drill】项；在【刀具子类型】下单击 (钻头) 按钮设置刀具的类型；在【名称】文本框中输入 DRILLING_TOOL_30 作为刀具的名称；其他参数采用默认设置。单击 确定 按钮完成刀具参数的设置，如图 9-57 所示。

2）系统弹出【钻刀】对话框，在【尺寸】下的【(D) 直径】项文本框中输入 30.0000，在【(L) 长度】项文本框中输入 125.0000；在【数字】下的【刀具号】项文本框中输入 2，在【长度调整】项文本框中输入 2，如图 9-58 所示。此时可以在 UG CAM 的主视区预览所创建的刀具的外形，如图 9-59 所示。单击 确定 按钮，完成刀具的参数设置。

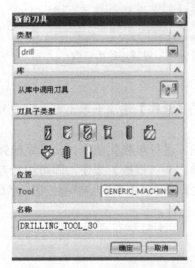

图 9-57 创建刀具名称和类型

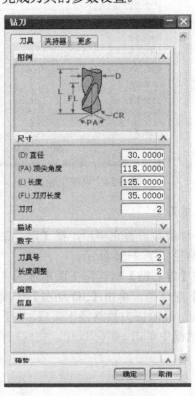

图 9-58 设置刀具参数

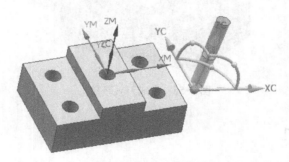

图 9-59 预览刀具外形

2. 创建操作

1）在工具栏的加工创建工具条中单击 按钮，此时系统弹出【创建操作】对话框，如图 9-60 所示。在【类型】的下拉列表中选择【drill】项；在【操作子类型】下单击 (Drilling) 按钮；在【位置】的【程序】下拉列表中选择【NC_PROGRAM】项，在【刀具】下拉列表中选择上一步创建的刀具【DRILLING_TOOL_30】项，在【几何体】下拉列表中选择【WORKPIECE】项，在【方法】下拉列表中选择【DRILL_METHOD】项；在【名称】

栏的文本框中输入 DRILLING_1。设置完毕后，单击 确定 按钮。

2）此时系统自动弹出【钻】对话框，如图 9-61 所示。在对话框的【循环类型】下单击
【编辑】按钮，系统弹出【指定参数组】对话框，如图 9-62 所示。

图 9-60 【创建操作】对话框

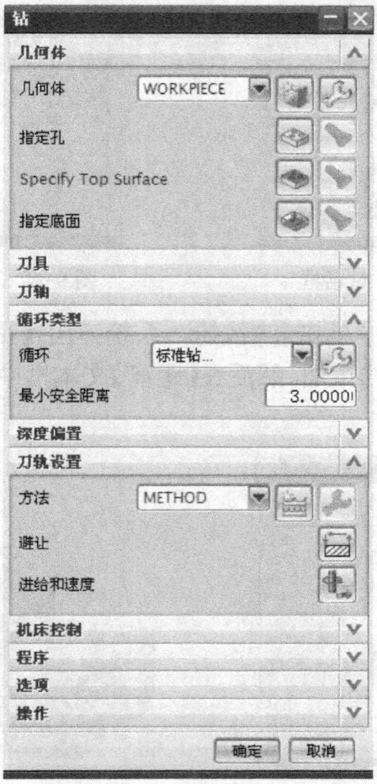

图 9-61 【钻】对话框

图 9-62 【指定参数组】对话框

3）在【指定参数组】对话框中单击 确定 按钮，此时系统弹出图 9-63 所示的【Cycle 参数】对话框。在该对话框中单击 Depth (Tip)（深度）按钮，系统弹出【Cycle 深度】对话框，如图 9-64 所示。单击 穿过底面 按钮，系统再次弹出【Cycle 参数】对话框，单击 进给率 (MMPM) 按钮，系统弹出【Cycle 进给率】对话框，如图 9-65 所示。在【Cycle 进给率】对话框中的【毫米每分钟】文本框中输入 25.0000，然后依次单击 确定 按钮直至退回【钻】对话框。

203

图 9-63 【Cycle 参数】对话框

图 9-64 【Cycle 深度】对话框

图 9-65 【Cycle 进给率】对话框

4）在【钻】对话框的【循环类型】的【最小安全距离】文本框中输入 5.0000，然后在【刀轨设置】下单击（避让）按钮，系统弹出【避让】对话框，如图 9-66 所示。在该对话框中单击 Clearance Plane 按钮，系统弹出【安全平面】对话框，如图9-67所示。

图9-66 【避让】对话框　　　　　　　图9-67 【安全平面】对话框

5）在【安全平面】对话框中单击 指定 按钮，系统弹出【平面】对话框，如图9-68所示。选择图9-69中模型的顶面作为约束面，然后在【距离】文本框中输入50，设置完毕后单击 确定 按钮直至返回【钻】对话框。

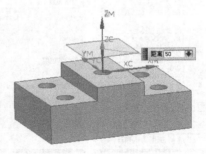

图9-68 【平面】对话框　　　　　　　图9-69 指定安全平面

6）在【钻】对话框的【刀轨设置】下单击 （进给和速度）按钮，系统弹出【进给】对话框。在该对话框的【主轴速度】的【主轴速度（rpm）】文本框中输入1200.000，如图9-70所示。

7）在【进给】对话框的【进给率】选项中，设置各项进给率参数的数值如图9-71所示，最后单击 确定 按钮。

图9-70 设置主轴速度　　　　　　　图9-71 设置进给率参数

3. 生成刀轨

1）各种参数设置完毕后，在【钻】对话框的【操作】选项下单击 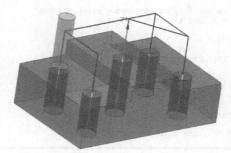（生成）按钮，生成刀具路径如图 9-72 所示。

图 9-72　生成刀具路径

2）在【钻】对话框下面单击 （确认）按钮，进行可视化仿真。此时系统弹出【刀轨可视化】对话框，单击【3D 动态】选项卡，调整动画速度滑标为 4，然后单击 （播放）按钮，即可进行刀具路径可视化验证。可视化仿真加工结束，经验证刀具路径无误后，在【刀轨可视化】对话框中单击 确定 按钮，然后在【钻】对话框中单击 确定 按钮。

4. 后处理

1）在【操作导航器】中选中创建的操作，然后在 UG CAM 工具栏上单击 按钮；或者在该操作上单击鼠标右键，在弹出的快捷菜单中选择【后处理】项，系统弹出【后处理】对话框，如图 9-73 所示。

图 9-73　【后处理】对话框

2）在【后处理】对话框的【后处理器】列表中选择【MILL_3_AXIS】项，在【输出文件】的【文件名】项中，设置要保存的 G 代码文件路径和名称，然后单击 确定 按钮，创建的 G 代码【信息】对话框如图 9-74 所示。读者可以在【信息】对话框中将 G 代码保存到其他位置，操作与 Windows 界面下的操作相同，这里不再赘述。

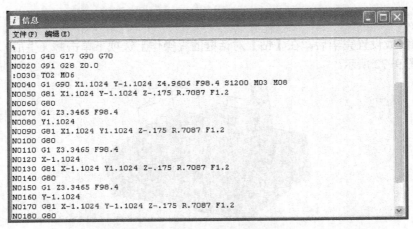

图 9-74　G 代码【信息】对话框

　　至此，实例点位加工完毕。

第 10 章　UG CAM 综合加工实例

学习提示：本章全面介绍了典型实体零件加工全过程，从零件模型导入 CAM 模块、加工方法的创建、操作参数和切削参数的设定到生成的后处理程序。零件加工从简单到复杂，囊括了本书所讲解的 UG NX 8.0 CAM 加工类型的所有重点操作。

学习目标：通过本章的学习，读者要掌握不同类型零件加工的工艺流程方法。重点学习图形分析方法、工艺流程制订、刀具合理利用、操作程序衔接和后处理。

10.1　综合加工实例 1

1）启动 UG NX 8.0 软件。直接双击 NX 8.0 图标，或在【开始】→【程序】中找到 NX 8.0 按钮单击。

2）打开部件【CAM10-1.prt】。在 UG NX 8.0 软件中，选择【文件】→【打开】菜单，或在工具栏上单击 ﹐ 按钮，在弹出的【打开部件文件】对话框中选择【CAM10-1.prt】文件，单击 OK 按钮，模型如图 10-1 所示。

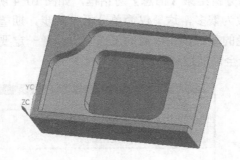

图 10-1　模型

10.1.1　模型分析

1）单击工具栏上的 ⬛ （侧视图）命令，使用等角视图观察零件模型。

2）单击 ⬤ 起始 ·按钮，在弹出的下拉菜单中选择【加工】子菜单项，或按 Ctrl+Alt+M 键进入制造模块。

3）系统弹出【加工环境】对话框，在【CAM 会话配置】选项框中选择【cam_general】，在【要创建的 CAM 设置】选项框中选择【mill_planar】，如图 10-2 所示，单击【初始化】按钮，初始化加工环境。

4）选择【分析】→【测量距离】菜单项，调整分析类型为 ✍（距离）选项，分析模型长度、高度和宽度，得出模型长度为 120，模型宽度为 80，获得顶部平面区域宽度为 30。分析模型尺寸，可作为选择刀具尺寸的依据，如图 10-3 所示。

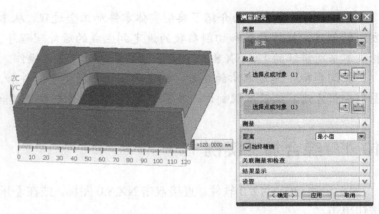

图 10-2　加工环境设置　　　　　　　　图 10-3　距离分析结果

5）选择【分析】→【最小半径】菜单命令，系统弹出【最小半径】对话框，选定模型单击【确定】按钮，系统弹出分析结果【信息】对话框，如图 10-4 所示，得出最小半径为 8。

注意： 分析过程步骤较为繁多，这里仅简单分析一两步，期望起到抛砖引玉的作用。分析零件模型是规划刀具路径的基础。在以后的工作中，读者一定要注意，分析内容要全面，以便对零件模型结构有一个全面的理解。

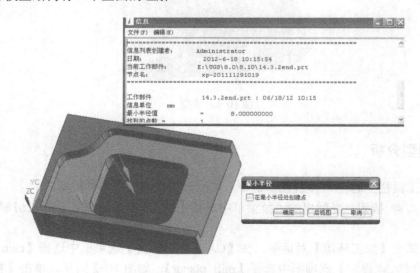

图 10-4　圆弧分析结果

10.1.2　设定平面铣操作

根据模型文件及分析结果，加工操作可以分为 3 个工步，粗加工（平面铣）、精加工侧壁（平面铣）和精加工底面（面铣）。

1．创建刀具

在加工创建工具条中单击 （创建刀具）图标，系统弹出【创建刀具】对话框，在【类型】选项组中选择【mill_planar】选项，在【刀具子类型】选项组中选择 （铣刀）选项，在【名称】文本框中输入 MILL_16，如图 10-5 所示；单击【应用】按钮，系统弹出【铣刀-5 参数】对话框，在【(D) 直径】和【刀刃】文本框中分别输入 16.0000、2，其他参数采用默认设置，如图 10-6 所示，单击【确定】按钮。

图 10-5　【创建刀具】对话框

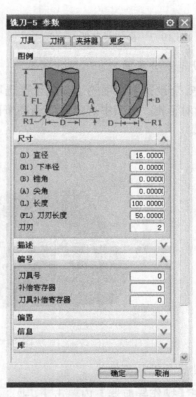

图 10-6　【铣刀-5 参数】对话框

2．设定加工坐标系

1）在【操作导航器】内空白处单击鼠标右键，在弹出的快捷菜单中选择【几何视图】子菜单项，结果如图 10-7 所示。

2）在【操作导航器】内 MCS_MILL（加工坐标系）图标上双击鼠标左键或单击鼠标右键，在弹出的快捷菜单中选择【编辑】子菜单，系统弹出【Mill_Orient】对话框，如图 10-8 所示。在【参考坐标系】选项的【链接 RCS 与 MCS】前点勾。

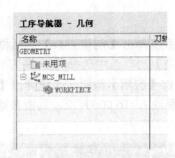

图 10-7 操作导航器几何视图显示   图 10-8 【Mill_Orient】对话框

3. 设定安全平面

在【安全设置】选项的【安全设置选项】选【平面】，单击【指定平面】按钮，弹出图 10-9 所示对话框。在图中选择模型最高平面，然后在【距离】文本框中输入数值 50，单击【确定】按钮。

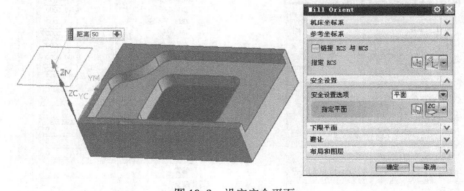

图 10-9 设定安全平面

4. 设定加工几何体

1）在【操作导航器】内单击 MCS_MILL 前 ，在 WORKPIECE （工件毛坯）图标上双击鼠标左键或单击鼠标右键，在弹出的快捷菜单中选择【编辑】子菜单，系统弹出【铣削几何体】对话框，如图 10-10 所示。

2）在【铣削几何体】对话框中单击 （指定部件）图标，系统弹出【部件几何体】对话框，如图 10-11 所示；选择实体模型，然后单击【确定】按钮。

3）在【铣削几何体】对话框中单击 （指定毛坯）图标，系统弹出【毛坯几何体】对话框，如图 10-12 所示。在【类型】选项下选择【包容块】，其他参数采用默认设置，然后依次在【毛坯几何体】和【铣削几何体】对话框中单击【确定】按钮。

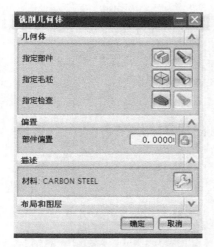

图 10-10　【铣削几何体】对话框

图 10-11　【部件几何体】对话框

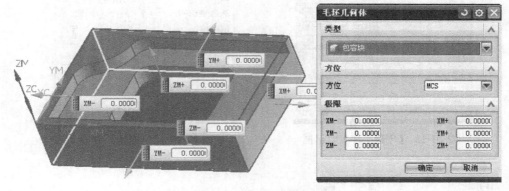

图 10-12　【毛坯几何体】对话框

10.1.3　模型粗加工（平面铣）

1. 创建平面铣加工操作

在工具栏的加工创建工具条中单击 按钮，此时系统弹出【创建工序】对话框，如图 10-13 所示。在【类型】下拉列表中选择【mill_planar】选项；在【工序子类型】中单击 （平面铣）按钮；在【位置】的【程序】下拉列表中选择【NC_PROGRAM】选项，在【刀具】下拉列表中选择第 2 步创建的刀具【MILL_16】选项，在【几何体】下拉列表中选择【WORKPIECE】选项，在【方法】下拉列表中选择【MILL_ROUGH】选项；在【名称】文本框中输入 PLANAR_MILL_1。设置完毕后，单击 确定 按钮。

2. 设定几何体

1）系统自动弹出【平面铣】对话框，如图 10-14 所示。在【几何体】中单击 （指定部件边界）按钮，此时系统弹出【边界几何体】对话框，如图 10-15 所示。

2）在【边界几何体】对话框的【模式】右侧的下拉列表中选择【面】，设置【材料侧】为【内部】，然后直接选取要加工的面，单击 确定 按钮完成设置，如图 10-16 所示。

图 10-13 【创建工序】对话框

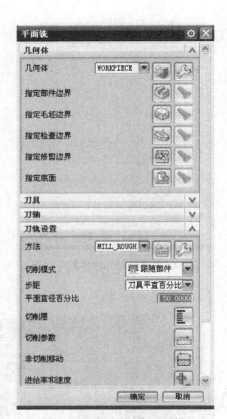

图 10-14 【平面铣】对话框

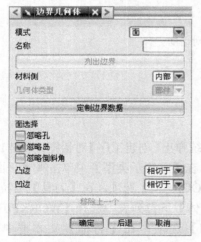

图 10-15 【边界几何体】对话框

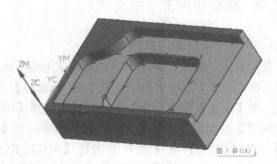

图 10-16 选取加工面

3）在【几何体】选项下单击 （指定毛坯边界）按钮，此时系统弹出【边界几何体】对话框，设定加工部件边界。在【边界几何体】对话框的【模式】右侧的下拉列表中选择【曲线/边】，系统弹出【创建边界】对话框，如图 10-17 所示。设置【类型】为【封闭的】，【材料侧】为【内部】，然后选取外轮廓线，单击 确定 按钮完成设置，如图 10-18 所示。

图 10-17　【创建边界】对话框

图 10-18　选取毛坯边界

4）在【创建边界】对话框的【平面】选择【用户定义】，弹出【平面】对话框，然后选取顶面，【距离】设置为 0，单击 确定 按钮完成设置，如图 10-19 所示。

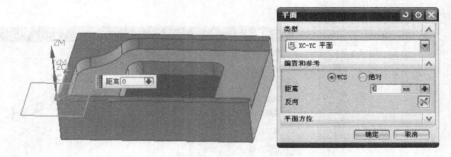

图 10-19　设定平面

5）在弹出的【平面铣】对话框的【几何体】下单击 （指定底面）按钮，此时系统弹出【平面】对话框，如图 10-20 所示。选择图 10-21 所示的平面作为加工底面，默认偏置距离为 0，最后单击 确定 按钮。

图 10-20　【平面】对话框

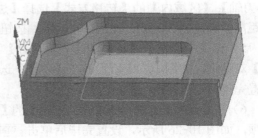

图 10-21　选取铣削底面

3. 设定操作参数

1）在【平面铣】对话框的【刀轨设置】选项中，在【方法】下拉列表中选择先前创建的

【MILL_ROUGH】项；在【切削模式】下拉列表中选择【跟随部件】项。

2）在【步距】下拉列表中选择【%刀具平直】项；在【平面直径百分比】文本框中输入50.0000，设置效果如图 10-22 所示。

3）在【平面铣】对话框的【刀轨设置】下单击 （非切削移动）按钮，此时系统弹出【非切削移动】对话框，如图 10-23 所示。选择【进刀】选项卡，在【封闭区域】选项的【进刀类型】下拉列表中选择【插铣】项，在【高度】文本框中输入 3.0000；【开放区域】参数按系统默认。在【非切削移动】对话框中选择【退刀】选项卡，在【退刀】选项的【退刀类型】下拉列表中选择【与进刀相同】项，单击 确定 按钮完成设置。

图 10-22　刀轨参数设置

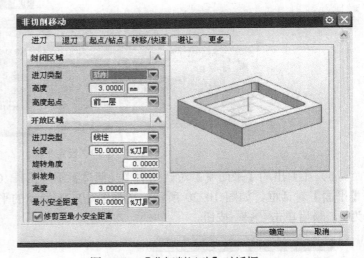

图 10-23　【非切削运动】对话框

4）在图 10-24 所示【转移/快速】选项卡下，【区域之间】的【转移类型】选择【安全距离-刀轴】；【区域内】的【转移方式】选择【进刀/退刀】，【转移类型】选择【前一平面】，【安全距离】设定为 3.0000，然后单击 确定 按钮。

5）在【平面铣】对话框的【刀轨设置】下单击 【切削参数】，此时系统弹出【切削参数】对话框，如图 10-25 所示。在【余量】选项卡下的【最终底面余量】文本框中输入 0.3，设置完毕后单击 确定 按钮。

6）在【连接】选项卡下【开放刀路】的【开放刀路】下拉列表中选择【变换切削方向】选项，如图 10-26 所示，设置完毕后单击 确定 按钮。

7）在【平面铣】对话框的【刀轨设置】下单击 （切削层）按钮，此时系统弹出【切削层】对话框，如图 10-27 所示。在【类型】下拉列表中选择【恒定】项，然后在【每刀深度】选项的【公共】文本框中输入 1.0000，在【临界深度】选项下勾选【临界深度顶面切削】项，设置完成，单击 确定 按钮。

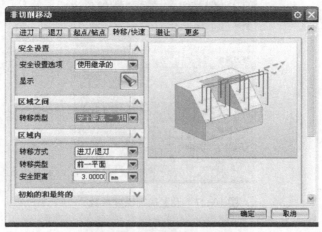

图 10-24 【转移/快递】对话框

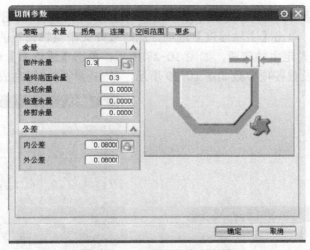

图 10-25 设置最终底面余量

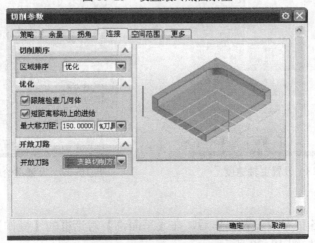

图 10-26 设置开放道路

图 10-27　设置切削深度参数

4. 设定进给率

在【平面铣】对话框的【刀轨设置】下单击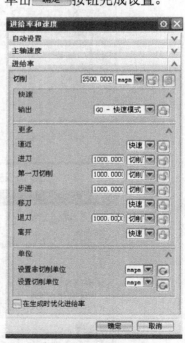（进给率和速度）按钮，此时系统弹出【进给率和速度】对话框。单击【主轴速度】选项，此时展开关于主轴设置的项，在【主轴速度】文本框中输入 3000，设定主轴转速，如图 10-28 所示；单击【进给率】选项，此时将展开关于进给率的设置项，设置各项参数如图 10-29 所示，单击 确定 按钮完成设置。

图 10-28　设置主轴速度

图 10-29　设置进给率参数

5. 生成刀轨

1）生成刀轨。各种参数设置完毕后，在【平面铣】对话框的【操作】下单击 （生成）按钮，生成刀具路径如图 10-30 所示。

216

2）验证刀轨。在【平面铣】对话框下面单击🛠（确认）按钮，进行可视化仿真，此时系统弹出【刀轨可视化】对话框，如图 10-31 所示。单击【3D 动态】选项卡，然后单击▶（播放）按钮，即可进行刀具路径可视化验证，如图 10-32 所示。可视化仿真加工结束，经验证刀具路径无误后，在【刀轨可视化】对话框中单击 确定 按钮，然后在【平面铣】对话框中单击 确定 按钮。

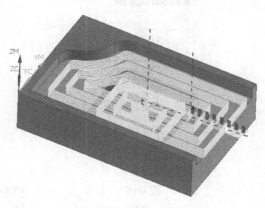

图 10-30　生成刀具路径

图 10-31　【刀轨可视化】对话框

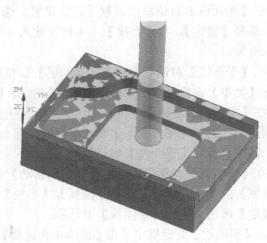

图 10-32　可视化验证刀轨

10.1.4　精加工侧壁（平面铣）

模型粗加工完成以后要进行侧壁的精加工，还是选用【平面铣】做侧壁精加工，在这里就不需要新建操作了，在【操作导航器-程序顺序】对话框中单击鼠标右键，弹出快捷菜单命令单击【复制】，如图 10-33 所示。然后将鼠标放在 PLANAR_MILL 上，单击鼠标右键弹出快捷菜单，单击【粘贴】命令，如图 10-34 所示。选中 PLANAR_MILL_COPY 双击鼠标左键，如图 10-35 所示，弹出【平面铣】对话框。

图 10-33　单击【复制】　　　　图 10-34　单击【粘贴】　　图 10-35　【复制】操作完成后视图

1）在【平面铣】对话框中设置【刀轨设置】选项，在【切削模式】选择【 轮廓加工 】，在【步距】选择【恒定】，在【距离】文本框中输入 8.0000，在【附加刀路】文本框中输入 0，如图 10-36 所示。

2）在【平面铣】对话框中单击【切削层】 按钮，弹出【切削层】对话框，如图 10-37 所示。在【类型】选择【仅底部面】，单击【确定】按钮，返回【平面铣】对话框。

3）在【平面铣】对话框中单击【切削参数】 按钮，弹出【切削参数】对话框。在【余量】选项卡下，设置【部件余量】和【最终底部面余量】为 0.5000，如图 10-38 所示。单击【确定】按钮，返回【平面铣】对话框。

4）在【平面铣】对话框中单击【非切削移动】 按钮，弹出【非切削移动】对话框。在【开放区域】的【进刀类型】选择【圆弧】，【半径】文本框中输入 5.0000，如图 10-39 所示。单击【确定】按钮，返回【平面铣】对话框。

5）在【平面铣】对话框中单击【进给率和速度】 按钮，弹出【进给率和速度】对话框。在【主轴速度（rpm）】文本框中输入 1000.000，【进给率】的【切削】文本框中输入 600.0000，其余数值参照图 10-40 所示进行设置。单击【确定】按钮，返回【平面铣】对话框。

6）所有参数设置完成后，在【平面铣】对话框中单击生成刀路按钮 ，系统生成刀路，如图 10-41 所示。

图 10-36 【平面铣】对话框

图 10-37 【切削层】对话框

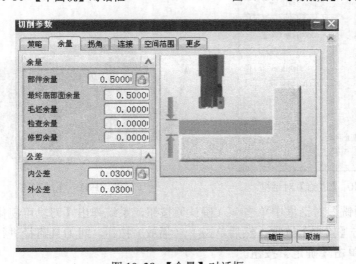

图 10-38 【余量】对话框

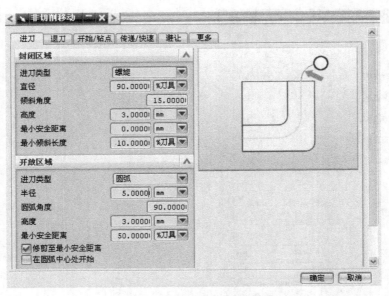

图 10-39　【非切削移动】对话框

图 10-40　【进给】对话框

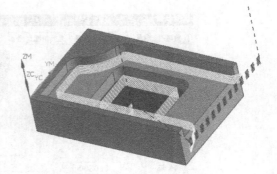

图 10-41　生成刀路

7）在【平面铣】对话框中单击 按钮，系统弹出【刀轨可视化】对话框，如图 10-42 所示。单击【重播】选项，然后单击 ▶（播放）按钮，对刀具路径进行可视化验证，如图 10-43 所示，单击【确定】按钮。

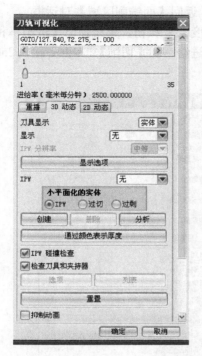

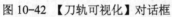

图 10-42 【刀轨可视化】对话框　　　　图 10-43 刀轨可视化验证

8）最后单击【平面铣】对话框中的【确定】按钮，保存编写刀具路径后的文件。

10.1.5　精加工底面（面铣削区域加工）

1）在加工创建工具条中单击 <img>（创建操作）按钮，系统弹出【创建工序】对话框。在【类型】选项中选择【mill_planar】，【工序子类型】选项组中选择 <img>（面铣削区域），【程序】选择【NC_PROGRAM】，【几何体】选择【WORKPIECE】，【刀具】选择【MILL_16】选项，【方法】选择【MILL_FINISH】，【名称】文本框使用默认名称，如图 10-44 所示，各参数设置完毕后单击【确定】按钮。

2）系统自动弹出【面铣削区域】对话框，在【刀轨设置】的【切削模式】下选择【 <img> 往复】，【步距】选择【平面平直百分比】，【平面直径百分比】文本框中输入 60.0000，在【毛坯距离】文本框中输入 0.5000，【每刀深度】文本框中输入 0.5000，【最终底面余量】文本框中输入 0.0000，如图 10-45 所示。

3）在【面铣削区域】对话框中单击【指定切削区域】 <img> 按钮，弹出【切削区域】对话框，选择模型加工的面后，如图 10-46 所示。单击【确定】按钮，返回【面铣削区域】对话框。

4）在【面铣削区域】对话框中单击【切削参数】 <img> 按钮，系统弹出【切削参数】对话框。在【策略】选项下，【切削方向】选择【顺铣】，【切削角】选择【指定】，【与 XC 的夹角】文本框中输入 180.0000，在【壁】的【壁清理】选择【在终点】，其余参数保持系统默认，如图 10-47 所示。

5）在【切削参数】对话框中单击【余量】选项卡，如图 10-48 所示。在【余量】的【部件余量】文本框中输入 0.0000。单击【确定】按钮，返回【面铣削区域】对话框。

6）在【面铣削区域】对话框中单击【进给和速度】![icon]按钮，系统弹出【进给率和速度】对话框。在【主轴速度（rpm）】文本框中输入 3000.0，【进给率】的【切削】文本框中输入 250.0000，如图 10-49、图 10-50 所示。单击【确定】按钮。

图 10-44 【创建工序】对话框　　　　　图 10-45 【面铣削区域】对话框

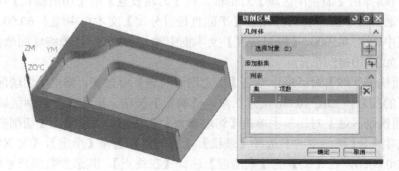

图 10-46 选择加工面

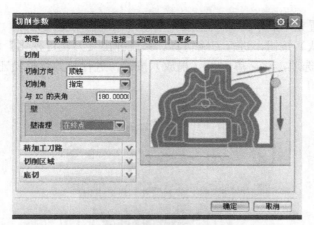

图 10-47 【切削参数】—【策略】选项卡对话框

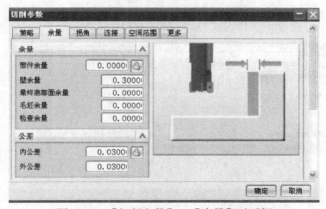

图 10-48 【切削参数】—【余量】对话框

223

图 10-49 设置主轴速度

图 10-50 设置进给率参数

7）各种参数设置完毕后单击 ✍（生成）按钮，系统自动生成刀路，如图 10-51 所示。

8）单击 🔍（确认）按钮，进行刀路仿真。系统弹出【刀轨可视化】对话框，如图 10-52 所示。单击【重播】选项，然后单击 ▶（播放）按钮，进行刀具路径验证，如图 10-53 所示。

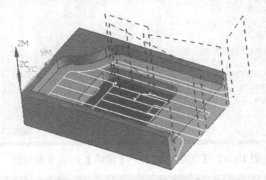

图 10-51　生成精加工底面刀路

图 10-52　【刀轨可视化】对话框

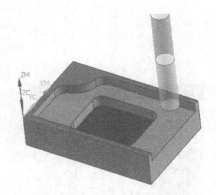

图 10-53　刀轨仿真

9）验证结束后，单击【确定】按钮，经验证刀具路径无误后，在【面铣削区域】对话框中单击【确定】按钮。

10）最后单击 💾（保存）按钮，保存编写刀具路径后的文件。

10.1.6　刀路过切检查

刀轨生成程序后，对程序路径进行过切检查。具体操作如下：

在【操作导航器】中要检查的程序上单击鼠标右键，选择【刀轨】选项，再单击【过切检查】，如图 10-54 所示，弹出【过切检查】对话框，在【第一次过切时暂停】前点勾，如图 10-55 所示。单击【确定】按钮，等待数秒后，弹出【信息】对话框，显示过切检查后的信息，如图 10-56 所示。

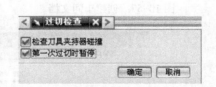

图 10-54　过切命令选择　　　　　　图 10-55　【过切检查】对话框

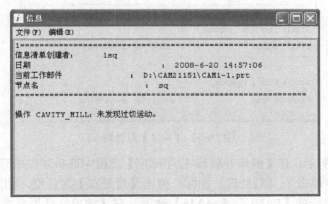

图 10-56　【信息】对话框

用同样的方法选择其他程序，检验刀路的过切检查。

10.1.7　后置处理

确认上述程序完全正确后进行刀轨后置处理，后置处理主要包括：生成车间文档和数控加工 G 代码程序。

1）在【工序导航器—几何】视图选中所有程序，单击操作工具条中【车间文档】按钮，如图 10-57 所示，弹出【车间文档】对话框，如图 10-58 所示。在【报告格式】列表中选择输出格式【Operation List (TEXT)】选项，在【输出文件】文本框中输入文件路径和名称，单击【确定】按钮，系统弹出【信息】对话框，如图 10-59 所示。

图 10-57　创建车间文档

图 10-58　【车间文档】对话框

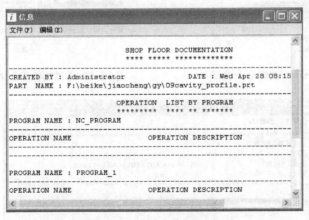

图 10-59　【信息】对话框

2）如图 10-60 所示，在【操作导航器-程序顺序】视图中选择要生成后处理的程序，在右键快捷菜单工具条中单击 （后处理）图标，弹出【后处理】对话框，如图 10-61 所示。在【后处理器】列表中选择【FANUC_3_AXIS】选项，在【输出文件】文本框中指定输出文件的路径和名称，完成后单击【确定】按钮，系统弹出【信息】对话框，如图 10-62 所示。该对话框列出操作对象的 G 代码程序。自此，程序后处理完毕。

图 10-60　【后处理】操作

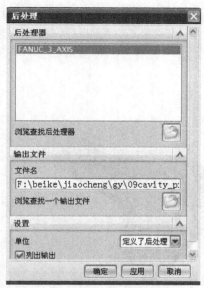
图 10-61　【后处理】对话框

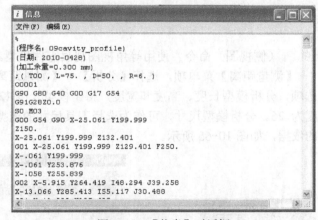
图 10-62　【信息】对话框

10.2　综合加工实例 2

1）启动 UG NX 8.0 软件。直接双击 NX 8.0 图标，或在【开始】→【程序】中找到 NX 8.0 按钮单击。

2）打开部件。在 UG NX 8.0 软件中，选择【文件】→【打开】菜单，或在工具栏上单击 按钮，在弹出的【打开部件文件】对话框中选择【CAM10-2.prt】文件，单击 OK 按钮，模型如图 10-63 所示。

3）单击 起始·按钮，在弹出的下拉菜单中选择【加工】子菜单项，或按 Ctrl+Alt+M 键进入制造模块。

4）系统弹出【加工环境】对话框，在【CAM 会话配置】列表框中选择【cam_general】，在【要创建的 CAM 设置】列表框中选择【mill_planar】，如图 10-64 所示，单击【初始化】按钮，初始化加工环境。

227

图 10-63 模型   图 10-64 加工环境设置

10.2.1 模型分析

1）单击工具栏上的 （侧视图）命令，使用等角视图观察零件模型。

2）选择【分析】→【测量距离】菜单项，选择【分析】→【测量距离】菜单项，调整分析类型为 （距离）选项，分析模型长度、高度和宽度，得出模型长度 120、模型宽度为 80，获得顶部平面区域宽度为 26。分析模型尺寸，可作为选择刀具尺寸的依据。分析模型尺寸，可作为选择刀具尺寸的依据，如图 10-65 所示。

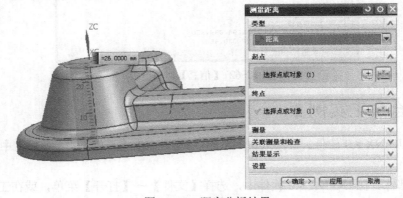

图 10-65 距离分析结果

3）选择【分析】→【最小半径】菜单命令，系统弹出【最小半径】对话框，选定模型单击【确定】按钮，系统弹出分析结果【信息】对话框，如图 10-66 所示，得出最小半径为 3。

注意：分析过程步骤较为繁多，这里仅简单分析一两步，期望起到抛砖引玉的作用。分析零件模型是规划刀具路径的基础。在以后的工作中，读者一定要注意，分析内容要全面，以便对零件模型结构有一个全面的理解。

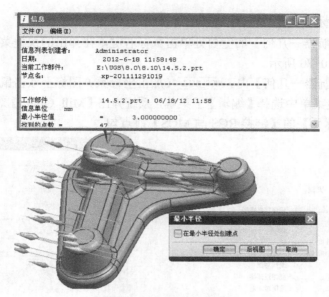

图 10-66　圆弧分析结果

10.2.2　设定型腔铣操作

根据模型文件及分析结果，加工操作可以分为 5 个工步，粗加工（型腔铣）、二次开粗（剩余铣）、精加工型腔（等高铣）和精加工平面（面铣）。

1．创建刀具

在加工创建工具条中单击 （创建刀具）图标，系统弹出【创建刀具】对话框，在【类型】中选择【mill_planar】，在【刀具子类型】中选择 （铣刀），在【名称】文本框中输入 MILL_12R3，如图 10-67 所示；单击【应用】按钮，系统弹出【铣刀-5 参数】对话框，在【（D）直径】、【（R1）下半径】、【刀刃】和【刀具号】文本框中分别输入 12.0000、3.0000、2 和 0，其他参数采用默认设置，如图 10-68 所示。单击【确定】按钮，刀具预览如图 10-69 所示。

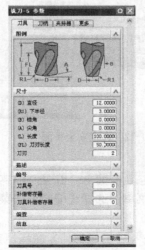

图 10-67　【创建刀具】对话框　　图 10-68　【铣刀-5 参数】对话框　　　　图 10-69　刀具预览

2. 设定加工坐标系

1）在【操作导航器—几何】的空白处单击鼠标右键，在弹出的快捷菜单中选择【几何视图】项，结果如图 10-70 所示。

2）在【操作导航器—几何】内 ├┴MCS_MILL （加工坐标系）图标上双击鼠标左键或单击鼠标右键，在弹出的快捷菜单中选择【编辑】子菜单，系统弹出【Mill_Orient】对话框，如图 10-71 所示。在【参考坐标系】的【链接 RCS 与 MCS】前点勾。

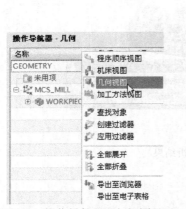

图 10-70　操作导航器几何视图显示　　　图 10-71　【Mill_Orient】对话框

3. 设定安全平面

在【间隙】选项下的【安全设置选项】选【平面】，单击 （指定平面）按钮，弹出图 10-72 所示对话框。在图中选择模型最高平面，然后在【平面】对话框的【距离】处输入数值 20，单击【确定】按钮。

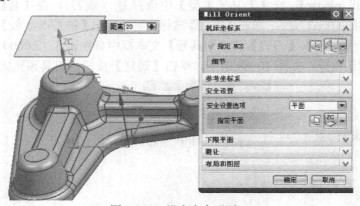

图 10-72　设定安全平面

4. 设定加工几何体

1）在【操作导航器】内单击 ├┴MCS_MILL 前 ，在 WORKPIECE （工件毛坯）图标上双击鼠标左键或单击鼠标右键，在弹出的快捷菜单中选择【编辑】子菜单，系统弹出【铣削几何体】对话框，如图 10-73 所示。

2）在【铣削几何体】对话框中单击 （指定部件）图标，系统弹出【部件几何体】对话框，如图 10-74 所示；选择实体模型，然后单击【确定】按钮。

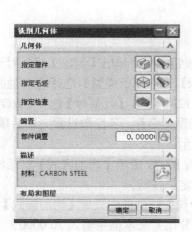

图 10-73 【工件】对话框

图 10-74 【部件几何体】对话框

3）设定毛坯几何体，首先在建模模块下拉伸一个毛坯实体，如图 10-75 所示。在【铣削几何体】对话框中单击⊞（指定毛坯）图标，系统弹出【毛坯几何体】对话框，在【类型】下选择【几何体】选项，然后单击选中上一步拉伸的毛坯体，完成操作后单击【确定】按钮，如图 10-76 所示。

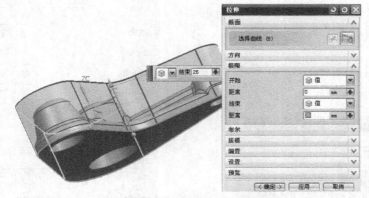

图 10-75　拉伸创建毛坯几何体

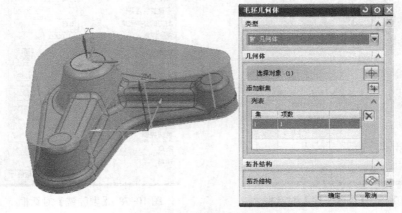

图 10-76 【毛坯几何体】对话框

10.2.3　模型粗加工（型腔铣）

1）在加工创建工具条中单击 ![icon] （创建工序）按钮，系统弹出【创建工序】对话框，如图 10-77 所示。在【类型】选项下选择【mill_contour】；【工序子类型】选择 ![icon] （型腔铣）；【程序】选择【NC_PROGRAM】，【刀具】选择【MILL_12R3】项，【几何体】选择【WORKPIECE】项，【方法】选择【METHOD】，【名称】文本框使用默认名称，各参数设置完毕后单击【确定】按钮，系统弹出【型腔铣】对话框，如图 10-78 所示。

2）在【型腔铣】对话框中单击选取面，弹出图 10-79 所示【切削区域】对话框，选择要加工的面，如图 10-80 所示。设置完毕后单击【确定】按钮。

3）系统自动弹出【型腔铣】对话框，在【型腔铣】对话框中设置【切削模式】为 ![icon] 跟随周边，【步距】选择为【刀具平直百分比】，【平面直径百分比】文本框中输入 70.0000。

4）在【型腔铣】对话框中单击【切削层】按钮 ![icon]，系统弹出【切削层】对话框，【每刀的公共深度】选择【恒定】，【最大距离】输入 1.0000，如图 10-81 所示。单击【确定】按钮，退出【切削层】对话框。

图 10-77　【创建工序】对话框

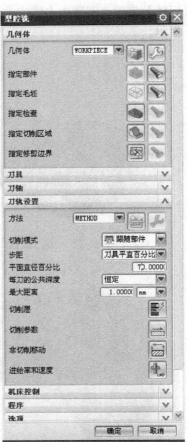

图 10-78　【型腔铣】对话框

图 10-79　【切削区域】对话框

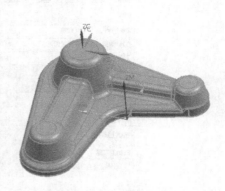

图 10-80　选择模型要切削的区域

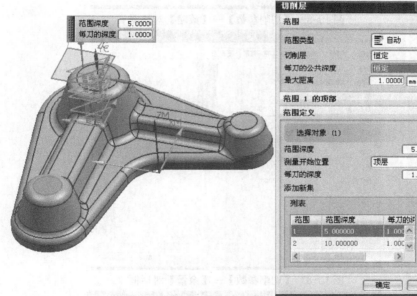

图 10-81　【切削层】对话框

233

5）在【型腔铣】对话框中单击【切削参数】按钮，系统弹出【切削参数】对话框，在【策略】选项卡的【切削顺序】中选择【深度优先】，【刀路方向】选择【向内】；【壁清理】选择【自动】，结果如图 10-82 所示。

6）在【刀轨设置】选项下单击（切削参数）按钮，此时系统打开【切削参数】对话框。在该对话框中选择【余量】选项卡，然后勾选【使用"底部面和侧壁余量一致"】项前面的复选框，在【部件侧面余量】文本框中输入 0.5000，结果如图 10-83 所示。

7）在【区域之间】的【转移类型】下拉列表中选择【安全距离_刀轴】项；在【区域内】的【转移方式】下拉列表中选择【进刀/退刀】项，【转移类型】下拉列表中选择【前一平面】，【安全距离】输入 3.0000；然后单击　确定　按钮完成操作，如图 10-84 所示。

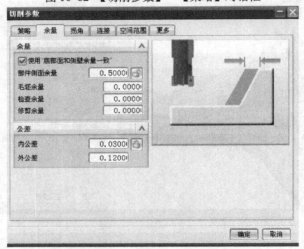

图 10-82 【切削参数】—【策略】对话框

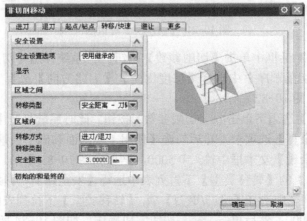

图 10-83 【切削参数】—【余量】对话框

图 10-84 【非切削移动】—【传递/快速】对话框

8）在【型腔铣】对话框中单击【进给率和速度】![]按钮，系统弹出【进给率和速度】对话框，在【主轴速度】选项的【主轴速度（rpm）】文本框中输入 3000.0，如图 10-85 所示；在【进给率】选项的【切削】文本框中输入 2000.000mmpm，【快速】的【输出】选择【G0_快速模式】，【进刀】文本框中输入 1000.000，单击【确定】按钮，如图 10-86 所示。

图 10-85　设置主轴速度

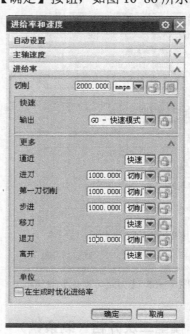

图 10-86　设置进给率参数

9）各种参数设置完毕后单击![]（生成）按钮，系统自动生成刀路，如果 10-87 所示。

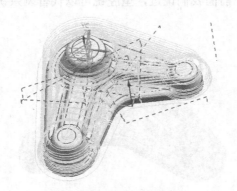

图 10-87　生成的刀路路径

10）单击![]（确认）按钮，进行可视化仿真，系统弹出【刀轨可视化】对话框，如图 10-88 所示。单击【3D 动态】选项，然后单击![]（播放）按钮，进行刀具路径可视化验证，仿真切削结果如图 10-89 所示。

11）仿真结束后，单击【确定】按钮，经验证刀具路径无误后，在【型腔铣】对话框中单击【确定】按钮。

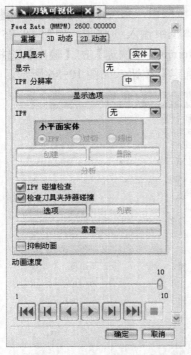

图 10-88 【刀轨可视化】对话框

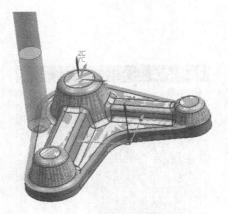

图 10-89 仿真切削结果

10.2.4 模型二次开粗（剩余铣）

模型粗加工完成以后，还有图 10-90 所示材料部分没有完全移除，需要进行拐角粗和两凸型相接处进程二次开粗。前面我们说过，型腔铣可以代替剩余铣做二次开粗，只需要增加一个参考刀具即可。

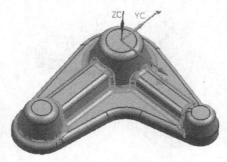

图 10-90 二次开粗的部分

还是选用【型腔铣】，就不需要新建操作了，在【操作导航器-程序顺序视图】对话框中单击鼠标右键，弹出快捷菜单命令单击【复制】，如图 10-91 所示。然后将鼠标放在 CAVITY_MILL ，单击鼠标右键弹出快捷菜单，单击【粘贴】命令，如图 10-92 所示。选中 CAVITY_MILL_COPY 双击鼠标左键，弹出【型腔铣】对话框。操作完成后对话框如图 10-93 所示。

图 10-91　复制操作　　　　图 10-92　粘贴操作　　　　图 10-93　【复制】操作完成后对话框

1）在工具栏中单击加工创建工具条中的 按钮，弹出【创建刀具】对话框，如图 10-94 所示。在【类型】下拉列表中选择【mill_contour】项；在【刀具子类型】栏中单击 （MILL）按钮设置刀具的类型；在【名称】文本框中输入 MILL_6 作为刀具的名称；其他参数采用默认设置。

单击【确定】按钮，系统弹出【铣刀-5 参数】对话框，在【尺寸】的【（D）直径】文本框中输入 6.0000，在【（R1）下半径】文本框中输入 0.0000，在【刀刃】文本框中输入 2；在【编号】的【刀具号】文本框中输入 0，在【补偿寄存器】文本框中输入 0，在【刀具补偿寄存器】文本框中输入 0，如图 10-95 所示。此时可以在 UG CAM 的主视区预览所创建的刀具的外形，如图 10-96 所示。在【铣刀-5 参数】对话框中单击 确定 按钮完成刀具参数的设置。

237

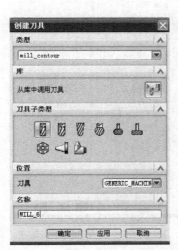

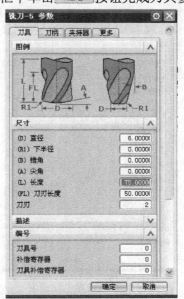

图 10-94　创建刀具名称和类型　　　　图 10-95　设置刀具参数

2）在【型腔铣】对话框的【刀轨设置】下单击■（非切削移动）按钮，此时系统弹出【非切削移动】对话框，在【非切削移动】对话框中选择【空间范围】选项卡，在【参考刀具】下拉列表中选择【MILL_16R4】作为参考刀具，【重叠距离】输入 1.0000，如图 10-97 所示。

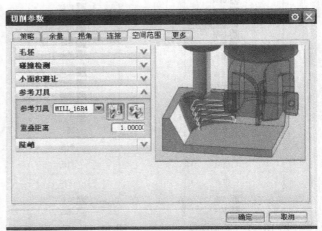

图 10-96 预览刀具外形　　　　　　　图 10-97 设定参考刀具

3）在【型腔铣】对话框中单击【进给率和速度】■按钮，系统弹出【进给率和速度】对话框，在【主轴速度】选项的【主轴速度（rpm）】文本框中输入 3000.000，如图 10-98 所示；在【进给率】选项的【切削】文本框中输入 2000.000mmpm，【快速】的【输出】选项选择【G0-快速模式】，【进刀】文本框中输入 1000.000，单击【确定】按钮，如图 10-99 所示。

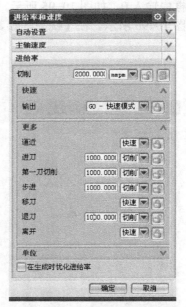

图 10-98 设置主轴速度　　　　　　　图 10-99 设置进给率参数

4）各种参数设置完毕后单击  （生成）按钮，系统自动生成刀路，如图 10-100 所示。

图 10-100　生成的刀路路径

5）单击 （确认）按钮，进行可视化仿真，系统弹出【刀轨可视化】对话框，如图 10-101 所示。单击【3D 动态】选项，然后单击 （播放）按钮，进行刀具路径可视化验证，仿真切削结果如图 10-102 所示。

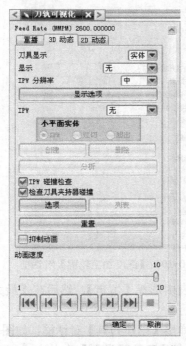

图 10-101　【刀轨可视化】对话框

图 10-102　仿真切削结果

6）仿真结束后，单击【确定】按钮，经验证刀具路径无误后，在【型腔铣】对话框中单击【确定】按钮。

10.2.5　模型精加工（等高铣）

1）在工具栏的加工创建工具条中单击 按钮，此时系统弹出【创建工序】对话框，如图

10-103 所示。在【类型】的下拉列表中选择【mill_contour】；在【工序子类型】中单击（深度加工轮廓铣）按钮；在【位置】的【程序】下拉列表中选择【NC_PROGRAM】，在【刀具】下拉列表中选择【MILL_6R3】，在【几何体】下拉列表中选择【WORKPIECE】，在【方法】下拉列表中选择【METHOD】；在【名称】文本框中输入 ZLEVEL_PROFILE_1。设置完毕后，单击 确定 按钮。

2）系统弹出【深度加工轮廓】对话框，如图 10-104 所示。在【几何体】下选择【指定切削区域】要加工的面。

图 10-103 【创建工序】对话框

图 10-104 【深度加工轮廓】对话框

3）在【刀轨设置】的【每刀的公共深度】下拉列表中选择【恒定】，然后在【最大距离】文本框中输入 0.5000。

4）在工具栏中单击加工创建工具条中的 按钮，弹出【创建刀具】对话框，如图 10-105 所示。在【类型】的下拉列表中选择【mill_contour】；在【刀具子类型】中单击 （MILL）按钮设置刀具的类型；在【名称】文本框中输入 MILL_6R3 作为刀具的名称；其他参数采用默认设置。

系统弹出【铣刀-5 参数】对话框，在【尺寸】的【(D) 直径】文本框中输入 6.0000，【(R1) 下半径】文本框中输入 3.0000，在【刀刃】文本框中输入 2；在【编号】的【刀具号】文本框中输入 0，在【补偿寄存器】文本框中输入 0，在【刀具补偿寄存器】文本框中输入 2，图 10-106 所示。此时可以在 UG CAM 的主视区预览所创建的刀具的外形，如图 10-107 所示。在【铣

240

刀-5 参数】对话框中单击 确定 按钮，完成刀具参数的设置。

图 10-105　创建刀具名称和类型

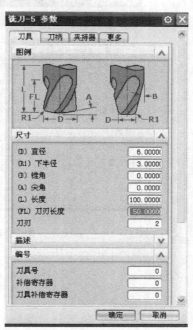

图 10-106　设置刀具参数

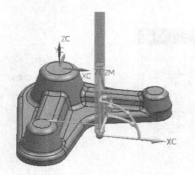

图 10-107　预览刀具外形

5）在【刀轨设置】的【陡峭空间范围】下拉列表中选择【无】，【合并距离】和【最小切削长度】系统默认即可。

6）在【刀轨设置】下单击 （切削参数）按钮，此时系统打开【切削参数】对话框。在该对话框中选择【余量】选项卡，然后勾选【使用"底部面和侧壁余量一致"】项前面的复选框，在【部件侧面余量】文本框中输入 0.3000，其余参数设置如图 10-108 所示。

在【深度加工轮廓】对话框中的【刀轨设置】下单击 （进给率和速度）按钮，此时系统弹出【进给率和速度】对话框，单击【主轴速度】项，此时展开关于主轴设置的项，在【主轴速度（rpm）】文本框中输入 3000.0，设定主轴转速，如图 10-109 所示；单击【进给率】项，此时将展开关于进给率设置的项，设置各项参数如图 10-110 所示。单击 确定 按钮完成设置。

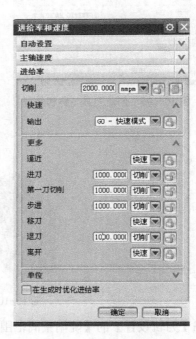

图 10-108　设置余量参数

图 10-109　设置主轴速度　　　　　图 10-110　设置进给率参数

7）各种参数设置完毕后，在【深度加工轮廓】对话框的【操作】下单击 生成 按钮，刀具路径如图 10-111 所示。

8）在【深度加工轮廓】对话框中单击 确认 按钮，进行可视化仿真，此时系统弹出【刀轨可视化】对话框，如图 10-112 所示。单击【3D 动态】选项卡，然后单击 播放 按钮，即可进行刀具路径可视化验证，如图 10-113 所示。

9）可视化仿真加工结束，经验证刀具路径无误后，在【刀轨可视化】对话框中单击 确定 按钮，然后在【深度加工轮廓铣】对话框中单击 确定 按钮。

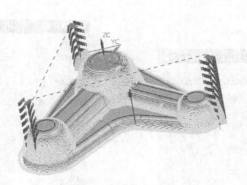

图 10-111　生成刀具路径

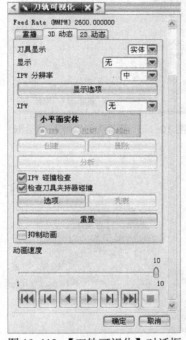

图 10-112　【刀轨可视化】对话框

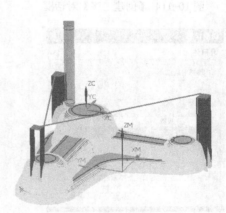

图 10-113　可视化验证刀轨

10.2.6　精加工平面（面铣削区域）

1）在加工创建工具条中单击 （创建操作）按钮，系统弹出【创建工序】对话框，如图 10-114 所示。在【类型】选项下选择【mill_planar】，【工序子类型】选择 （型腔铣），【程序】选择【NC_PROGRAM】，【几何体】选择【WORKPIECE】，【方法】选择【MILL_FINISH】选项，【名称】文本框使用默认名称，各参数设置完毕后单击【确定】按钮，弹出图 10-115 所示的【面铣削区域】对话框。

2）在【面铣削区域】对话框中单击【指定切削区域】 按钮，弹出【切削区域】对话框，如图 10-116 所示。然后在零件上选择要加工的平面，如图 10-117 所示，单击【确定】按钮。

3）在【面铣削区域】对话框中的【刀轨设置】下设置【切削模式】为【跟随周边】，【步距】为【刀具平直百分比】，【平面直径百分比】文本框中输入数值 50.0000，其他文本框设置如图 10-118 所示。

图 10-114　【创建工序】对话框

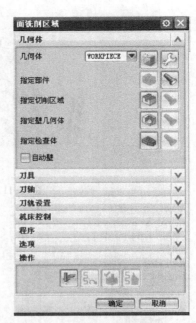

图 10-115　【面铣削区域】对话框

图 10-116　【切削区域】对话框

图 10-117　选择要加工的面

图 10-118　【刀轨设置】对话框

4）在【面铣削区域】对话框中单击【切削参数】$\boxed{}$按钮，系统弹出【切削参数】对话框。在【策略】选项卡下，【切削方向】选择【顺铣】，【切削角】选择【指定】，【与 XC 的夹角】文本框中输入 180.0000，在【壁】的【壁清理】选择【在终点】，其余参数保持系统默认，如图 10-119 所示。

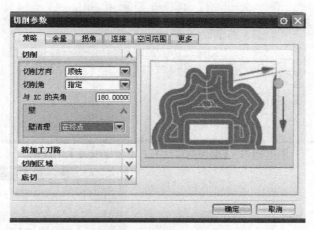

图 10-119　【切削参数】—【策略】对话框

5）在【切削参数】对话框中单击【余量】选项，如图 10-120 所示。在【部件余量】文本框中输入 0.3000，单击【确定】按钮，返回【面铣削区域】对话框。

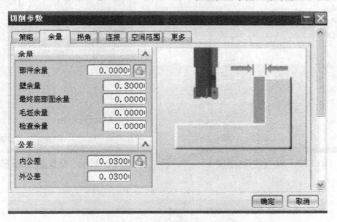

图 10-120　【切削参数】—【余量】对话框

6）在【区域之间】的【转移类型】下拉列表中选择【安全距离-刀轴】；在【区域内】的【转移方式】下拉列表中选择【进刀/退刀】，【转移类型】下拉列表中选择【前一平面】，【安全距离】文本框输入 3.0000；然后单击 确定 按钮完成操作，如图 10-121 所示。

7）在【型腔铣】对话框中单击【进给率和速度】$\boxed{}$按钮，系统弹出【进给率和速度】对话框，在【主轴速度】选项的【主轴速度（rpm）】文本框中输入 3000.0，如图 10-122 所示；在【进给率】选项的【切削】文本框中输入 2000.000mmpm，【快速】的【输出】文本框中选择【G0-快速模式】，【进刀】文本框中输入 1000.000，单击【确定】按钮，如图 10-123 所示。

8）各种参数设置完毕后单击 $\boxed{}$（生成）按钮，系统自动生成刀路，如图 10-124 所示。

245

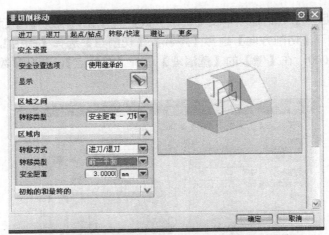

图 10-121 【非切削移动】—【转移/快速】对话框

图 10-122 设置主轴速度

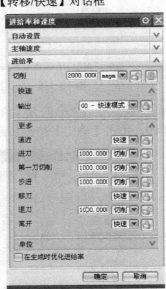

图 10-123 设置进给率参数

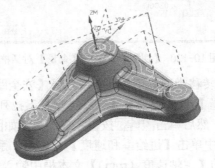

图 10-124 生成刀路

9）在【面铣削区域】对话框中单击 （确认）按钮，系统弹出【刀轨可视化】对话框，如图 10-125 所示。单击【重播】选项，然后单击 （播放）按钮，对刀具路径进行可视化验证，如图 10-126 所示，单击【确定】按钮。

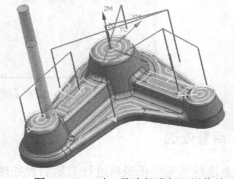

图 10-125　【刀轨可视化】对话框　　　　　　图 10-126　对刀具路径进行可视化验证

10）最后单击【面铣削区域】对话框中的【确定】按钮，保存编写刀具路径后的文件。

10.2.7　刀路过切检查

刀轨生成程序后，对程序路径进行过切检查。具体操作如下：

1）在【操作导航器—程序顺序】中要检查的程序上单击鼠标右键，选择【刀轨】选项，再单击【过切检查】，弹出【过切检查】对话框，如图 10-127 所示。在【第一次过切时暂停】前点勾，如图 10-128 所示。单击【确定】按钮，等待数秒后，弹出【信息】对话框，显示过切检查后的信息，如图 10-129 所示。

图 10-127　过切命令选择　　　　　　　　　图 10-128　【过切检查】对话框

247

2）用同样的方法选择其他程序，检验刀路的过切检查。

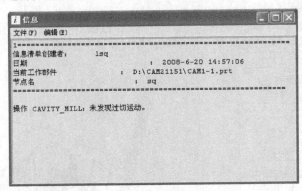

图 10-129　【信息】对话框

10.2.8　后置处理

确认上述程序完全正确后进行刀轨后置处理，后置处理主要包括：生成车间文档和数控加工 G 代码程序。

1）在【工序导航器-几何】视图中单击选择所有程序，在【操作】工具条中单击车间文档按钮，如图 10-130 所示，弹出【车间文档】对话框，如图 10-131 所示。在【报告格式】列表中选择【Operation list (TEXT)】选项，在【输出文件】文本框中输入文件路径和名称，单击【确定】按钮，系统弹出【信息】对话框，如图 10-132 所示。

2）在【操作导航器-程序顺序】视图中选择要生成后处理的程序，单击右键弹出快捷菜单，如图 10-133 所示，单击（后处理）图标，弹出【后处理】对话框，如图 10-134 所示。在【后处理器】列表中选择【FANUC_3_AXIS】选项，在【输出文件】文本框中指定输出文件的路径和名称，完成后单击【确定】按钮，系统弹出【信息】对话框，如图 10-135 所示。该对话框列出操作对象的 G 代码程序。自此，程序后处理完毕。

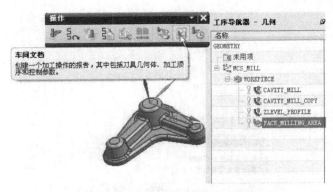

图 10-130　【工序导航器-几何】视图

图 10-131　【车间文档】对话框

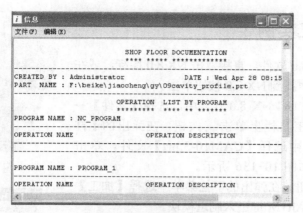

图 10-132 【信息】对话框

图 10-133　后处理操作

图 10-134　【后处理】对话框

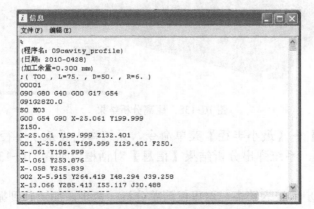

图 10-135　【信息】对话框

10.3　综合加工实例 3

1）启动 UG NX 8.0 软件。直接双击 NX 8.0 图标，或在【开始】→【程序】中找到 NX 8.0 按钮单击。

2）打开部件。在 UG NX 8.0 软件中，选择【文件】→【打开】菜单，或在工具栏上单击  按钮，在弹出的【打开部件文件】对话框中选择【CAM10-3.prt】文件，单击 OK 按钮，模型如图 10-136 所示。

图 10-136　模型

3）单击 起始 按钮，在弹出的下拉菜单中选择【加工】子菜单项，或按 Ctrl+Alt+M 键进入制造模块。

4）系统弹出【加工环境】对话框，在【CAM 会话配置】列表框中选择【cam_general】，在【要创建的 CAM 设置】列表框中选择【mill_planar】，如图 10-137 所示，单击【初始化】按钮，初始化加工环境。

10.3.1　模型分析

1）单击工具栏上的 （侧视图）命令，使用等角视图观察零件模型。

2）选择【分析】→【测量距离】菜单项，调整分析类型为 （距离）选项，分析模型长度、高度和宽度，得出模型长度为 100，模型宽度为 100，获得顶部平面区域宽度为 23。分析模型尺寸，可作为选择刀具尺寸的依据，如图 10-138 所示。

图 10-137　加工环境设置

图 10-138　距离分析结果

3）选择【分析】→【最小半径】菜单命令，系统弹出【最小半径】对话框，选定模型单击【确定】按钮，系统弹出分析结果【信息】对话框，如图 10-139 所示，得出最小半径为 1.2mm。

注意：分析过程步骤较为繁多，这里仅简单分析一两步，期望起到抛砖引玉的作用。分析零件模型是规划刀具路径的基础。在以后的工作中，读者一定要注意，分析内容要全面，以便对零件模型结构有一个全面的理解。

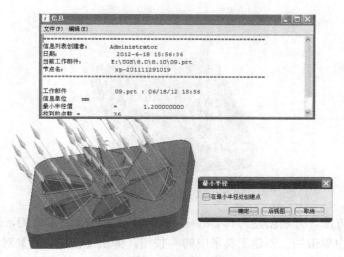

图 10-139　圆弧分析结果

10.3.2　设定操作参数

根据模型文件及分析结果，加工操作可以分为 9 个工步，外形加工（平面铣）、模型粗加工（型腔铣）、模型二次开粗加工（剩余铣）、模型陡峭面精加工（等高铣）、模型曲面精加工（固定轮廓铣）、清根加工（多刀路清根）、精加工底面（面铣）、钻中心孔和钻孔。

1. 创建刀具

1）在加工创建工具条中单击　（创建刀具）图标，系统弹出【创建刀具】对话框，在【类型】中选择【mill_planar】，在【刀具子类型】中选择　（铣刀），在【名称】文本框中输入 MILL_8，如图 10-140 所示；单击【应用】按钮，系统弹出【铣刀-5 参数】对话框，在【(D) 直径】、【刀刃】和【刀具号】文本框中分别输入 8.0000、2 和 0，其他参数采用默认设置，如图 10-141 所示。单击【确定】按钮，刀具预览如图 10-142 所示。

图 10-140　【创建刀具】对话框

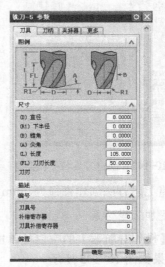

图 10-141　【铣刀-5 参数】对话框

图 10-142　刀具预览

2）依照上述方法，分别创建刀具 D8、D4、D3R1.5、D2.4R1.2 铣刀，这里不再叙述。

3）在工具栏中单击加工创建工具条中的 按钮，弹出【创建刀具】对话框，在【类型】下拉列表中选择【drill】；在【刀具子类型】中单击 （点钻）按钮设置刀具的类型；在【名称】文本框中输入【DRILLING_TOOL_6】作为刀具的名称；其他参数采用默认设置。单击 确定 按钮完成刀具参数的设置，如图 10-143 所示。

系统弹出【钻刀】对话框，在【尺寸】的【（D）直径】文本框中输入 6，在【（L）长度】文本框中输入 50.0000；在【编号】的【刀具号】文本框中输入 0，在【补偿寄存器】文本框中输入 0，如图 10-144 所示。单击 确定 按钮，完成刀具的参数设置。

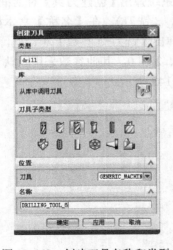

图 10-143　创建刀具名称和类型

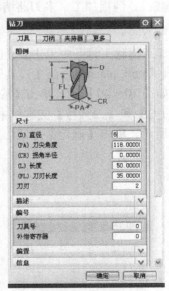

图 10-144　设置刀具参数

4）依照上述方法创建直径为 3mm 的中心钻。这里不再叙述。

2. 设定加工坐标系

1）在【操作导航器】的空白处单击鼠标右键，在弹出的快捷菜单中选择【几何视图】子菜单项，结果如图 10-145 所示。

2）在【操作导航器—几何体】内 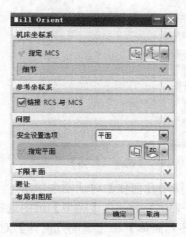 MCS_MILL（加工坐标系）图标上双击鼠标左键或单击鼠标右键，在弹出的快捷菜单中选择【编辑】子菜单，系统弹出【Mill_Orient】对话框，如图 10-146 所示。在【参考坐标系】的【链接 RCS 与 MCS】前点勾。

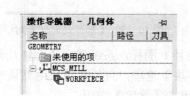

图 10-145　操作导航器的几何视图显示

图 10-146　【Mill_Orient】对话框

3. 设定安全平面

在【安全设置】下的【安全设置选项】选【平面】，单击 【指定平面】按钮，弹出图 10-147 所示对话框。在图中选择模型最高平面，然后在【距离】处输入数值 30，单击【确定】按钮。

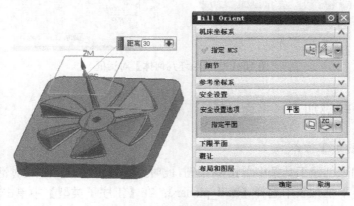

图 10-147　设定安全平面

4. 设定加工几何体

1）在【操作导航器】内单击 ⊞ MCS_MILL 前 ⊞，在 WORKPIECE（工件毛坯）图标上双击鼠标左键或单击鼠标右键，在弹出的快捷菜单中选择【编辑】子菜单，系统弹出【铣削几何体】对话框，如图 10-148 所示。

2）在【铣削几何体】对话框中单击 （指定部件）图标，系统弹出【部件几何体】对话框，如图 10-149 所示；选择实体模型，然后单击【确定】按钮。

253

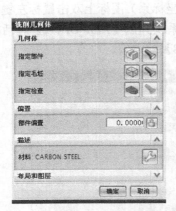

图 10-148　【铣削几何体】对话框　　　　　　图 10-149　【部件几何体】对话框

3）在【铣削几何体】对话框中单击 ⊗（指定毛坯）图标，系统弹出【毛坯几何体】对话框，如图 10-150 所示。在【类型】组中选择【包容块】选项，其他参数采用默认设置，然后依次在【毛坯几何体】和【铣削几何体】对话框中单击【确定】按钮。

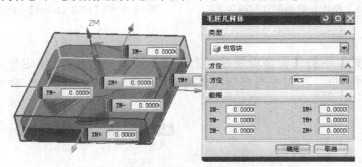

图 10-150　【毛坯几何体】对话框

10.3.3　模型外轮廓加工（平面铣）

1. 创建平面铣加工操作

在工具栏的加工创建工具条中单击 按钮，此时系统弹出【创建工序】对话框，如图 10-151 所示。在【类型】下拉列表中选择【mill_planar】；在【工序子类型】中单击 （平面铣）按钮；在【位置】的【程序】下拉列表中选择【NC_PROGRAM】，在【刀具】下拉列表中选择第 2 步创建的刀具【MILL_16】，在【几何体】下拉列表中选择【WORKPIECE】，在【方法】下拉列表中选择【MILL_ROUGH】；在【名称】文本框中输入 PLANAR_MILL_1。设置完毕后，单击 确定 按钮。

2. 设定几何体

1）系统弹出【平面铣】对话框，如图 10-152 所示。在【几何体】下单击 （指定部件边界）按钮，此时系统弹出【边界几何体】对话框，如图 10-153 所示。

2）在【边界几何体】对话框的【模式】右侧下拉列表中选择【曲线/边】，弹出【创建边界】对话框,如图 10-154 所示。设置【类型】为【封闭的】,【材料侧】为【内部】,然后直接选取要加工的外轮廓线,单击 确定 按钮完成设置。

图 10-151 【创建工序】对话框　　　图 10-152 【平面铣】对话框　　　图 10-153 【边界几何体】对话框

图 10-154 创建边界

3)在【几何体】栏中单击⊠(指定毛坯边界)按钮,此时系统弹出【边界几何体】对话框,设定加工部件边界。在【边界几何体】对话框的【模式】右侧下拉列表中选择【曲线/边】选项,系统弹出【创建边界】对话框,如图 10-155 所示。设置【类型】为【封闭的】,【材料侧】为【内部】,然后选取外轮廓线,单击 确定 按钮完成设置,如图 10-156 所示。

255

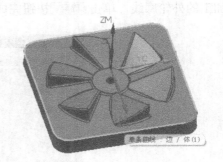

图 10-155 【创建边界】对话框　　　　　图 10-156 选取毛坯边界

4）在【创建边界】对话框中设置【平面】为【用户定义】，弹出【平面】对话框，然后选取顶面，设置【距离】为 0，单击 确定 按钮完成设置，如图 10-157 所示。

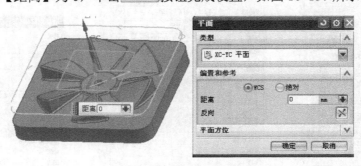

图 10-157 设定平面

5）在弹出的【平面铣】对话框的【几何体】中单击 （指定底面）按钮，此时系统弹出【平面】对话框，如图 10-158 所示。选择图 10-159 所示的平面作为加工底面，默认【偏置】的【距离】为 0，最后单击 确定 按钮。

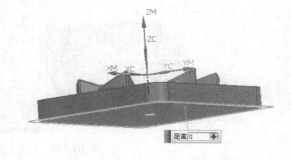

图 10-158 【平面】对话框　　　　　图 10-159 选取铣削底面

3. 设定平面铣操作参数

1）在【平面铣】对话框【刀轨设置】的【方法】下拉列表中选择先前创建的【MILL_ROUGH】，在【切削模式】下拉列表中选择【 轮廓加工 】。

2）在【步距】下拉列表中选择【刀具平直百分比】；在【平面直径百分比】文本框中输入 50.0000，设置效果如图 10-160 所示。

3）在【平面铣】对话框的【刀轨设置】下单击 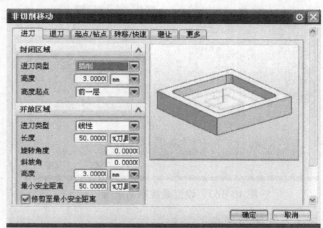（非切削移动）按钮，此时系统弹出【非切削移动】对话框，如图 10-161 所示。选择【进刀】选项卡，在【封闭区域】的【进刀类型】下拉列表中选择【插铣】项，在【高度】文本框中输入 3.0000；【开放区域】参数按系统默认。在【非切削移动】对话框中选择【退刀】选项卡，在【退刀】的【退刀类型】下拉列表中选择【与进刀相同】项，单击 确定 按钮完成设置。

图 10-160　刀轨参数设置　　　　　　　　图 10-161　【非切削移动】对话框

4）如图 10-162 所示，在【转移/快速】选项卡下，【区域之间】的【转移类型】选择【安全距离-刀轴】；【区域内】的【转移方式】选择【进刀/退刀】，【转移类型】选择【前一平面】，【安全距离】设定为 3.0000，然后单击 确定 按钮。

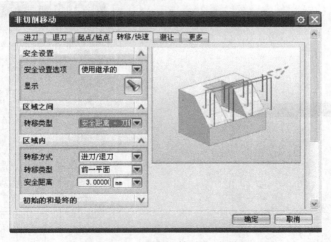

图 10-162　【转移/快速】选项卡

5）在【平面铣】对话框的【刀轨设置】下单击 【切削参数】，此时系统弹出【切削参数】对话框，如图 10-163 所示。在【余量】选项下的【最终底面余量】文本框中输入 0.0000，设置完毕后单击 确定 按钮。

257

6）在【平面铣】对话框的【刀轨设置】下单击 ![] （切削层）按钮，此时系统弹出【切削层】对话框。在【类型】下拉列表中选择【恒定】项，然后在【每刀深度】选项的【公共】文本框中输入 1.0000，在【临界深度】选项下勾选【临界深度顶面切削】项，设置的效果如图 10-164 所示，单击 确定 按钮。

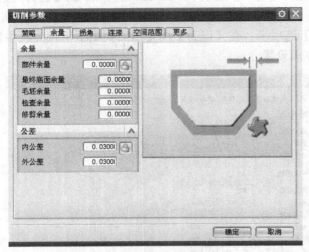

图 10-163 设置最终底面余量

图 10-164 设置切削层参数

4. 设定进给率

在【平面铣】对话框的【刀轨设置】下单击 ![] （进给率和速度）按钮，此时系统弹出【进给率和速度】对话框。单击【主轴速度】项，此时展开关于主轴设置的项，在【主轴速度（rpm）】文本框中输入 3000，设定主轴转速，如图 10-165 所示；单击【进给率】项，此时将展开关于进给率的设置项，设置各项参数如图 10-166 所示，单击 确定 按钮完成设置。

图 10-165 设置主轴速度

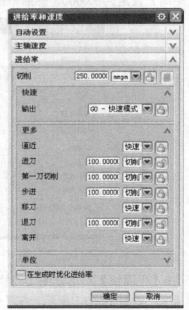

图 10-166 设置进给率参数

5．生成刀轨

1）各种参数设置完毕后，在【平面铣】对话框的【操作】下单击 （生成）按钮，生成刀具路径如图 10-167 所示。

图 10-167　生成刀具路径

2）在【平面铣】对话框下面单击 （确认）按钮，进行可视化仿真，此时系统弹出【刀轨可视化】对话框，如图 10-168 所示。单击【3D 动态】选项卡，然后单击 ▶（播放）按钮，即可进行刀具路径可视化验证，如图 10-169 所示。可视化仿真加工结束，经验证刀具路径无误后，在【刀轨可视化】对话框中单击 确定 按钮，然后在【平面铣】对话框中单击 确定 按钮。

图 10-168　【刀轨可视化】对话框

图 10-169　可视化验证刀轨

10.3.4　模型粗加工（型腔铣）

1）在加工创建工具条中单击 （创建工序）按钮，系统弹出【创建工序】对话框，如图

10-170 所示。在【类型】选项下选择【mill_contour】;【工序子类型】选择  (型腔铣);【程序】选择【NC_PROGRAM】项,【刀具】选择【MILL_8】项,【几何体】选择【WORKPIECE】,【方法】选择【METHOD】;【名称】文本框使用默认名称,各参数设置完毕后单击【确定】按钮,系统弹出【型腔铣】对话框,如图 10-171 所示。

2)单击【指定切削区域】  按钮,弹出图 10-172 所示【切削区域】对话框,选择要加工的面,如图 10-173 所示。设置完毕后单击【确定】按钮。

图 10-170 【创建工序】对话框

图 10-171 【型腔铣】对话框

图 10-172 【切削区域】对话框

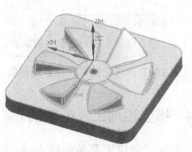

图 10-173 选择模型要切削的区域

3）系统弹出【型腔铣】对话框，在【型腔铣】对话框中设置【切削模式】为【跟随周边】，【步距】选择为【刀具平直百分比】，【平面直径百分比】文本框中输入 70.0000。

4）在【型腔铣】对话框中单击【切削层】按钮，系统弹出【切削层】对话框，【每刀的公共深度】选择【恒定】，【最大距离】输入 1.0000，如图 10-174 所示。单击【确定】按钮，退出【切削层】对话框。

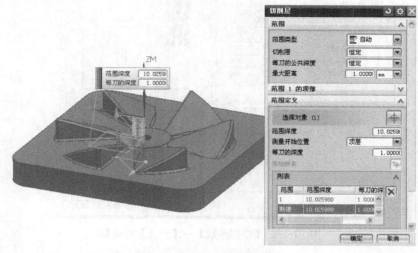

图 10-174　【切削层】对话框

5）在【型腔铣】对话框中单击【切削参数】按钮，系统弹出【切削参数】对话框，在【策略】选项卡的【切削顺序】中选择【深度优先】，【刀路方向】选择【向内】；【壁清理】选择【自动】，结果如图 10-175 所示。

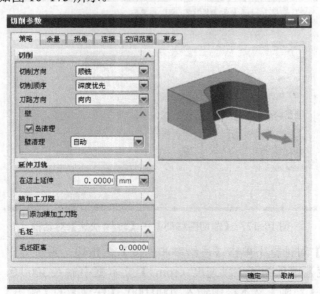

图 10-175　【切削参数】—【策略】对话框

6）在【刀轨设置】的【切削模式】下拉列表中单击（切削参数）按钮，此时系统打

261

开【切削参数】对话框。在该对话框中选择【余量】选项卡，然后勾选【使用"底部面和侧壁余量一致"】前面的复选框，在【部件侧面余量】文本框中输入 0.5000，结果如图 10-176 所示。

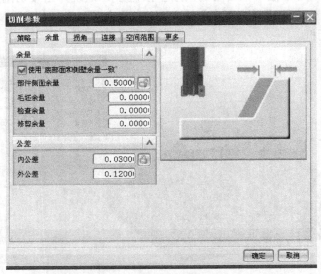

图 10-176 【切削参数】—【余量】对话框

7）在【区域之间】的【转移类型】下拉列表中选择【安全距离_刀轴】项；在【区域内】的【转移方式】下拉列表中选择【进刀/退刀】项，【转移类型】下拉列表中选择【前一平面】，【安全距离】输入 3.0000；然后单击 确定 按钮完成操作，如图 10-177 所示。

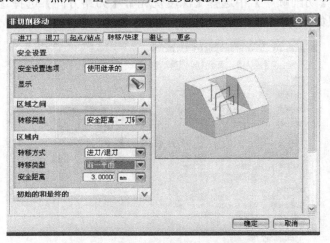

图 10-177 【非切削移动】—【转移/快速】对话框

8）在【型腔铣】对话框下单击【进给率和速度】 按钮，系统弹出【进给率和速度】对话框，在【主轴速度】选项的【主轴速度（rpm）】文本框中输入 3000.0，如图 10-178 所示；在【进给率】选项的【切削】文本框中输入 2000.000，【快速】的【输出】文本框中选择【G0-快速模式】，【进刀】文本框中输入 1000.000，单击【确定】按钮，如图 10-179 所示。

图 10-178　设置主轴速度

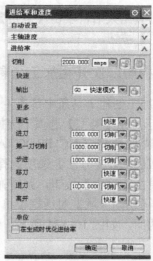

图 10-179　设置进给率参数

9）各种参数设置完毕后单击 （生成）按钮，系统自动生成刀路，如图 10-180 所示。

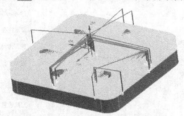

图 10-180　生成的刀路路径

10）单击 （确认）按钮，进行可视化仿真，系统弹出【刀轨可视化】对话框，如图 10-181 所示。单击【3D 动态】选项，然后单击 （播放）按钮，进行刀具路径可视化验证，仿真切削结果如图 10-182 所示。

图 10-181　【刀轨可视化】对话框

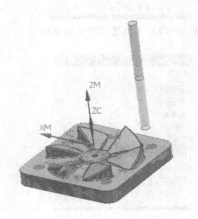

图 10-182　仿真切削结果

11）仿真结束后，单击【确定】按钮，经验证刀具路径无误后，在【型腔铣】对话框中单击【确定】按钮。

10.3.5 模型二次开粗加工（剩余铣）

1）在加工创建工具条中单击 ▶（创建工序）按钮，系统弹出【创建工序】对话框，如图 10-183 所示。在【类型】选项下选择【mill_contour】；【工序子类型】选项选择 ▦（剩余铣）；【程序】选项选择【NC_PROGRAM】，【刀具】选项选择【D4】，【几何体】选项选择【WORKPIECE】，【方法】选项选择【METHOD】；【名称】文本框使用默认名称，各参数设置完毕后单击【确定】按钮，系统弹出【剩余铣】对话框，如图 10-184 所示。

2）在【切削区域】对话框中单击选取面，弹出图 10-185 所示【切削区域】对话框，选择要加工的面，如图 10-186 所示，设置完毕后单击【确定】按钮。

图 10-183 【创建工序】对话框

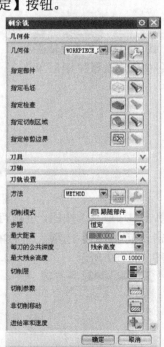

图 10-184 【剩余铣】对话框

图 10-185 【切削区域】对话框

图 10-186 选择模型要切削的区域

3）系统自动弹出【剩余铣】对话框，在【刀轨设置】选项下设置【切削模式】为【 跟随部件 】，【步距】选择为【恒定】，【最大距离】文本框中输入 3.0000。

4）在【每刀的公共深度】选项中选择【残余高度】，在【最大残余高度】文本框中输入 0.1000。

5）在【型腔铣】对话框中单击【切削参数】按钮 ，系统弹出【切削参数】对话框，在【策略】选项卡的【切削顺序】选项中选择【深度优先】，【刀路方向】选项选择【向内】，【壁清理】选项中选择【自动】，结果如图 10-187 所示。

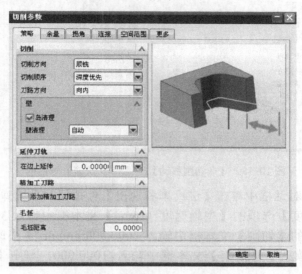

图 10-187　【切削参数】—【策略】对话框

6）在【刀轨设置】的【切削模式】下拉列表中单击 （切削参数）按钮，此时系统打开【切削参数】对话框。在该对话框中选择【余量】选项卡，然后勾选【使用"底部面和侧壁余量一致"】项前面的复选框，在【部件侧面余量】文本框中输入 0.5000，结果如图 10-188 所示。

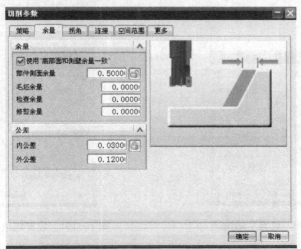

图 10-188　【切削参数】—【余量】对话框

265

7）在【区域之间】的【转移类型】下拉列表中选择【安全距离-刀轴】项；在【区域内】的【转移方式】下拉列表中选择【进刀/退刀】项，【转移类型】下拉列表中选择【前一平面】，【安全距离】输入 3.0000；然后单击 确定 按钮完成操作，如图 10-189 所示。

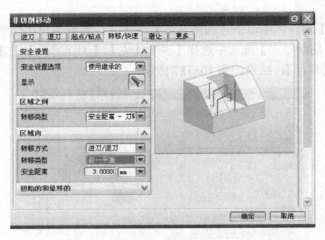

图 10-189　【非切削移动】—【转移/快速】对话框

8）在【型腔铣】对话框中单击【进给率和速度】 按钮，系统弹出【进给率和速度】对话框，在【主轴速度】选项的【主轴速度（rpm）】文本框中输入 3000.0，如图 10-190 所示；在【进给率】的【切削】文本框中输入 2000.000mmpm，【快速】的【输出】文本框中选择【G0-快速模式】，【进刀】文本框中输入 1000.000，单击【确定】按钮，如图 10-191 所示。

图 10-190　设置主轴速度

图 10-191　设置进给率参数

9）各种参数设置完毕后单击 （生成）按钮，系统自动生成刀路，如图 10-192 所示。

图 10-192　生成的刀路路径

10）单击 （确认）按钮，进行可视化仿真，系统弹出【刀轨可视化】对话框，如图 10-193 所示。单击【3D 动态】选项，然后单击 （播放）按钮，进行刀具路径可视化验证，仿真切削结果如图 10-194 所示。

图 10-193　【刀轨可视化】对话框　　　　　　图 10-194　仿真切削结果

11）仿真结束后，单击【确定】按钮，经验证刀具路径无误后，在【型腔铣】对话框中单击【确定】按钮。

10.3.6　模型陡峭面精加工（等高铣）

1）在工具栏的加工创建工具条中单击 按钮，此时系统弹出【创建工序】对话框，如图 10-195 所示。在【类型】下拉列表中选择【mill_contour】选项；在【工序子类型】中单击 （深度加工轮廓铣）按钮；在【位置】的【程序】下拉列表中选择【NC_PROGRAM】，在【刀具】下拉列表中选择刀具【MILL_4R2】，在【几何体】下拉列表中选择【WORKPIECE】，在【方法】下拉列表中选择【MILL_FINISH】；在【名称】的文本框中输入 ZLEVEL_PROFILE_1。
设置完毕后，单击 确定 按钮。

2）系统弹出【深度加工轮廓】对话框，如图 10-196 所示。在【几何体】中选择【指定
切削区域】，选择要加工的面。

图 10-195 【创建工序】对话框

图 10-196 【深度加工轮廓】对话框

3）在【刀轨设置】的【陡峭空间范围】下拉列表中选择【无】，【合并距离】和【最小切
削长度】选择系统默认即可。

4）在【每刀的公共深度】下拉列表中选择【恒定】，在【最大距离】文本框中输入 0.5000。

5）在【刀轨设置】下单击 （切削参数）按钮，此时系统打开【切削参数】对话框。在
该对话框中选择【余量】选项卡，然后勾选【使底面余量和侧壁余量一致】项前面的复选框，
在【部件侧面余量】文本框中输入 0.0000，其余参数设置如图 10-197 所示。

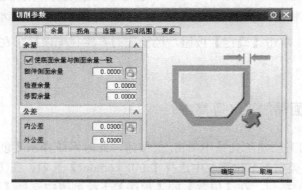

图 10-197 设置余量参数

6）在【深度加工轮廓】对话框的【刀轨设置】下单击 (进给率和速度) 按钮，此时系统弹出【进给率和速度】对话框，单击【主轴速度】项，此时展开关于主轴设置的项，在【主轴速度】文本框中输入 3000.00，设定主轴转速，如图 10-198 所示；单击【进给率】项，此时将展开关于进给率设置的项，设置各项参数如图 10-199 所示。单击 确定 按钮完成设置。

图 10-198　设置主轴速度　　　　　　　图 10-199　设置进给率参数

7）各种参数设置完毕后，在【深度加工轮廓】对话框的【操作】下单击 (生成) 按钮，刀具路径如图 10-200 所示。

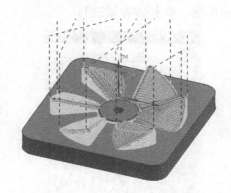

图 10-200　生成刀具路径

8）在【深度加工轮廓】对话框下面单击 (确认) 按钮，进行可视化仿真，此时系统弹出【刀轨可视化】对话框，如图 10-201 所示。单击【3D 动态】选项卡，然后单击 (播放) 按钮，即可进行刀具路径可视化验证，如图 10-202 所示。

9）可视化仿真加工结束，经验证刀具路径无误后，在【刀轨可视化】对话框中单击 确定 按钮，然后在【深度加工轮廓】对话框中单击 确定 按钮。

269

图 10-201　【刀轨可视化】对话框

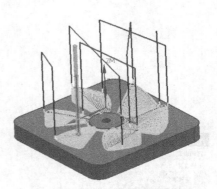

图 10-202　可视化验证刀轨

10.3.7　模型曲面精加工（固定轮廓铣）

1）在工具栏的加工创建工具条中单击 按钮，此时系统弹出【创建工序】对话框，如图 10-203 所示。在【类型】的下拉列表中选择【mill_contour】选项；在【工序子类型】下单击 （固定轮廓铣）按钮；在【位置】的【程序】下拉列表中选择【NC_PROGRAM】项，在【刀 具】下拉列表中选择刀具【MILL3R1.5】项，在【几何体】下拉列表中选择【WORKPIECE】 项，在【方法】下拉列表中选择【MILL_FINISH】项；在【名称】文本框中输入 FIXED_CONTOUR_1。设置完毕后，单击 确定 按钮。

图 10-203　【创建工序】对话框

2）此时系统弹出【固定轮廓铣】对话框，如图 10-204 所示。在【驱动方法】的【方法】

下拉列表中选择【区域铣削】项，系统弹出【区域铣削驱动方法】对话框，如图 10-205 所示。

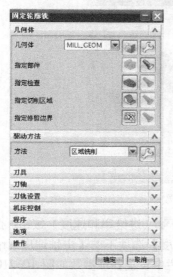
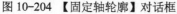

图 10-204　【固定轴轮廓】对话框　　　　　　图 10-205　【区域铣削驱动方法】对话框

3）在【区域铣削驱动方法】对话框的【驱动设置】下的【切削模式】下拉列表中选择【跟随周边】项，在【刀路方向】下拉列表中选择【向内】项，在【切削方向】下拉列表中选择【顺铣】项，在【步距】下拉列表中选择【恒定】项，在【最大距离】文本框中输入 0.0500，在【步距已应用】下拉列表中选择【在部件上】，各项设置完毕后单击 确定 按钮。

4）在【固定轮廓铣】对话框的【几何体】下单击 （指定切削区域）按钮，系统弹出图 10-206 所示的【切削区域】对话框。在 UG CAM 的主视区选择图 10-207 所示的区域为切削区域，然后单击 确定 按钮。

图 10-206　【切削区域】对话框　　　　　　　　图 10-207　选取切削区域

5）在【固定轮廓铣】对话框的【刀轨设置】下单击 （切削参数）按钮，系统自动弹出【切削参数】对话框，如图 10-208 所示。在【策略】选项卡下，在【切削方向】下拉列表中选择【顺铣】项，在【刀路方向】下拉列表中选择【向内】项；勾选【在边缘滚动刀具】项前面的复选框。设置完毕后，单击 确定 按钮。

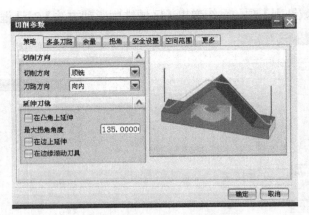

图 10-208　设置切削参数

6）在【固定轮廓铣】对话框的【刀轨设置】下单击 （进给率和速度）按钮，此时系统弹出【进给率和速度】对话框。在该对话框的【主轴速度】选项下的【主轴速度（rpm）】文本框中输入 3000.0，如图 10-209 所示；在【进给率】栏中设置各项参数如图 10-210 所示，最后单击 确定 按钮。

7）各种参数设置完毕后，在【固定轮廓铣】对话框的【操作】下单击 （生成）按钮，刀具路径如图 10-211 所示。

图 10-209　设定主轴速度

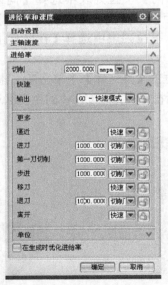

图 10-210　设定进给率参数

图 10-211　生成刀具路径

8）在【固定轮廓铣】对话框的【操作】下单击 （确认）按钮，进行可视化仿真，此时系统弹出【刀轨可视化】对话框，如图 10-212 所示。单击【3D 动态】选项卡，然后单击 （播放）按钮，即可进行刀具路径可视化验证，如图 10-213 所示。

9）可视化仿真加工结束，经验证刀具路径无误后，在【刀轨可视化】对话框中单击 确定 按钮，然后在【固定轮廓铣】对话框中单击 确定 按钮。

图 10-212　【刀轨可视化】对话框

图 10-213　可视化验证刀轨

10.3.8　模型清根加工（清根参考刀具）

1）在加工创建工具条中单击 ▶（创建操作）按钮，系统弹出【创建工序】对话框，如图 10-214 所示。在【类型】选项中选择【mill_contour】，【工序子类型】选项组选择 ▧（清根参考刀具）；【程序】选项组选择【NC_PROGRAM】，【刀具】选项组选择【D2.4R1.2】，【几何体】选项组选择【WORKPIECE】，【方法】选项组选择【MILL_FINISH】；【名称】文本框使用默认名称，各参数设置完毕后单击【确定】按钮，系统弹出【清根参考刀具】对话框，如图 10-215 所示。

图 10-214　【创建工序】对话框

图 10-215　【清根参考刀具】对话框

2）在【清根参考刀具】对话框【驱动方法】的【方法】中选择【清根】，系统自动进入【清根驱动方法】对话框，如图 10-216 所示。在【驱动设置】下拉列表中选择【单刀路】，在【非陡峭切削模式】下拉列表中选择【单向】。

3）在【清根参考刀具】对话框的【刀轨设置】下，单击【切削参数】━按钮，系统弹出【切削参数】对话框，在【策略】选项卡下，将【延伸刀轨】的【在边上延伸】前打"√"，在【距离】文本框中输入 55.0000，后面下拉选项选择 ％刀具 ▼，如图 10-217 所示。

4）在【切削参数】对话框中单击【余量】选项卡，在【余量】的【部件余量】文本框中输入 0.0000，在【公差】的【内公差】和【外公差】文本框中分别输入 0.0300，其余参数保持系统默认，如图 10-218 所示。单击【确定】按钮，返回【清根参考刀具】对话框。

图 10-216 【清根驱动方法】对话框

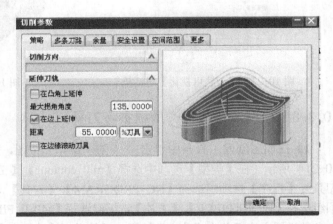

图 10-217 【切削参数】—【策略】对话框

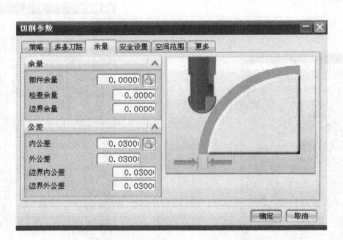

图 10-218 【切削参数】—【余量】对话框

5）在【清根参考刀具】对话框中单击【进给率和速度】┿按钮，弹出【进给率和速度】对话框，如图 10-219 所示，在【主轴速度（rpm）】文本框中输入 3000.0，【进给率】的【切削】文本框中输入 2000.000.【进刀】文本框输入 1000.000，结果如图 10-220 所示，最后单击【确定】按钮。

6）各种参数设置完毕后单击 ✔ （生成）按钮，系统自动生成刀路，如图 10-221 所示。

图 10-219　设定主轴速度

图 10-220　设定进给率参数

图 10-221　刀轨生成

7）单击 ⎚ （确认）按钮，进行刀路仿真，系统弹出【刀轨可视化】对话框，如图 10-222 所示。单击【重播】选项，然后单击 ▶ （播放）按钮，进行刀具路径验证，如图 10-223 所示。

图 10-222　【刀轨可视化】对话框

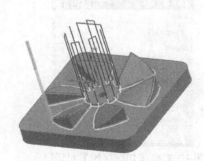

图 10-223　可视化验证刀轨

8）验证结束后，单击【刀轨可视化】中的【确定】按钮，系统自动返回【清根参考刀具】对话框，验证刀具路径无误后，单击【确定】按钮。最后单击 🖫 （保存）按钮，保存编写刀具路径后的文件。

10.3.9　精加工底面（面铣削区域）

1）在加工创建工具条中单击 ⬚ （创建操作）按钮，系统弹出【创建工序】对话框，如图 10-224 所示。在【类型】选项中选择【mill_planar】选项；【工序子类型】选项选择 ⬚ （面铣削区域）；【程序】选项选择【NC_PROGRAM】，【几何体】选项选择【WORKPIECE】，【方法】选项选择【MILL_FINISH】；【名称】文本框使用默认名称，各参数设置完毕后单击【确定】按钮，弹出图 10-225 所示【面铣削区域】对话框。

图 10-224　【创建工序】对话框

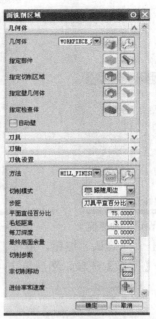

图 10-225　【面铣削区域】对话框

2）在【面铣削区域】对话框中单击【指定切削区域】 按钮，弹出【切削区域】对话框，如图 10-226 所示，然后在零件上选择要加工的平面，如图 10-227 所示，单击【确定】按钮。

图 10-226　【切削区域】对话框

图 10-227　选择加工平面

3）在【面铣削区域】对话框的【刀轨设置】下设置【切削模式】为【跟随周边】，【步距】为【刀具平直百分比】，【平面直径百分比】文本框中输入数值 75.0000，其他文本框设置如图 10-228 所示。

4）在【面铣削区域】对话框中单击【切削参数】 按钮，系统弹出【切削参数】对话框。在【策略】选项卡下，【切削方向】选择【顺铣】，【切削角】选择【指定】，【与 XC 的夹角】文本框中输入 180.0000，在【壁】的【壁清理】选择【在终点】，其余参数保持系统默认，如图 10-229 所示。

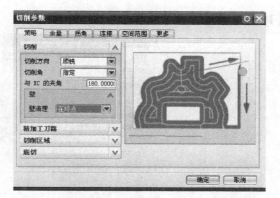

图 10-228　【刀轨设置】对话框　　　　图 10-229　【切削参数】—【策略】对话框

　5）在【切削参数】对话框中单击【余量】选项卡，如图 10-230 所示。在【部件余量】文本框中输入 0.0000，单击【确定】按钮，返回【面铣削区域】对话框。

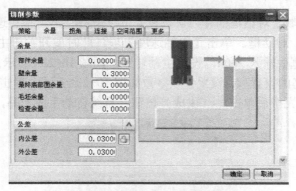

图 10-230　【切削参数】—【余量】对话框

　6）如图 10-231 所示，在【转移/快速】选项卡下，【区域之间】的【转移类型】选择【安全距离-刀轴】；【区域内】的【转移方式】选择【进刀/退刀】，【转移类型】选择【前一平面】，【安全距离】设定为 3.0000，然后单击 确定 按钮。

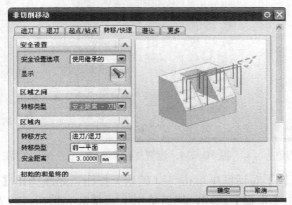

图 10-231　【转移/快速】选项卡对话框

　7）在【连接】选项卡下【开放刀路】的【开放刀路】下拉列表中选择【⇄变换切削方向】，

如图 10-232 所示，设置完毕后单击 确定 按钮。

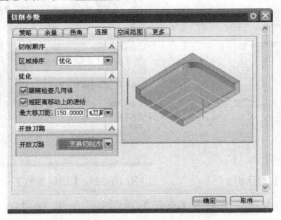

图 10-232　设置开放道路

8）在【面铣削区域】对话框的【刀轨设置】下单击🔧（进给率和速度）按钮，此时系统弹出【进给率和速度】对话框。单击【主轴速度】项，此时展开关于主轴设置的项，在【主轴速度（rpm）】文本框中输入 3000，设定主轴转速，如图 10-233 所示；单击【进给率】项，此时将展开关于进给率的设置项，设置各项参数如图 10-234 所示，单击 确定 按钮完成设置。

9）各种参数设置完毕后单击📄（生成）按钮，系统自动生成刀路，如图 10-235 所示。

图 10-233　设置主轴速度

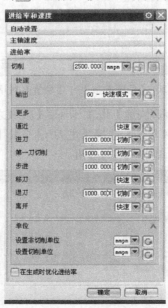

图 10-234　设置进给率参数

图 10-235　生成刀路

10）在【面铣削区域】对话框中单击🔧（确认）按钮，系统弹出【刀轨可视化】对话框，如图 10-236 所示。单击【重播】选项，然后单击▶（播放）按钮，对刀具路径进行可视化验证，如图 10-237 所示，单击【确定】按钮。

11）最后单击【面铣削区域】对话框中的【确定】按钮，保存编写刀具路径后的文件。

图 10-236　【刀轨可视化】对话框

图 10-237　对刀具路径进行可视化验证

10.3.10　中心孔的加工（定心钻）

1）在工具栏的加工创建工具条中单击 按钮，此时系统弹出【创建工序】对话框，如图 10-238 所示。在【类型】下拉列表中选择【drill】选项；在【工序子类型】中单击 （Spot Drilling）按钮；在【位置】的【程序】下拉列表中选择【NC_PROGRAM】项，在【刀具】下拉列表中选择刀具【Z3】项，在【几何体】下拉列表中选择【WORKPIECE】项，在【方法】下拉列表中选择【DRILL_METHOD】项；在【名称】的文本框中输入 SPOT DRILLING_TOOL_1。设置完毕后，单击 确定 按钮。

2）此时系统自动弹出【定心钻】对话框，如图 10-239 所示。单击【几何体】下的【指定孔】按钮 ，弹出【指定孔】对话框，选择加工部件中的孔，单击【确定】按钮，如图 10-240 所示。

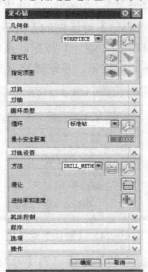

图 10-238　【创建工序】对话框

图 10-239　【定心钻】对话框

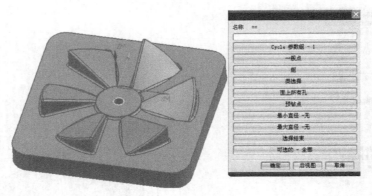

图 10-240　指定孔

3）在【定心钻】对话框的【循环类型】下单击 （编辑）按钮，系统弹出【指定参数组】对话框，如图 10-241 所示。在【指定参数组】对话框中单击 确定 按钮，此时系统弹出图 10-242 所示的【Cycle 参数】对话框。在该对话框中单击 Depth (Tip)（深度）按钮，系统弹出【Cycle 深度】对话框，如图 10-243 所示。单击 刀尖深度 按钮，系统弹出【设置深度】对话框，如图 10-244 所示。在【深度】文本框中输入 2.0000，然后依次单击 确定 按钮，直至退回【定心钻】对话框。

图 10-241　【指定参数组】对话框

图 10-242　【Cycle 参数】对话框　　图 10-243　【Cycle 深度】对话框　　图 10-244　【刀尖深度】对话框

4）在【定心钻】对话框的【循环类型】的【最小安全距离】文本框中输入 5，然后在【刀轨设置】下单击 （避让）按钮，系统弹出【避让】对话框，如图 10-245 所示。在该对话框中单击 Clearance Plane 按钮，系统弹出【安全平面】对话框，如图 10-246 所示。

图 10-245　【避让】对话框　　　　　　　　图 10-246　【安全平面】对话框

5）在【定心钻】对话框的【刀轨设置】下单击 （进给率和速度）按钮，系统弹出【进给率和速度】对话框。在该对话框的【主轴速度】下的【主轴速度（rpm）】文本框中输入 3000.0，如图 10-247 所示。

6）在【进给率和速度】对话框的【进给率】选项下，设置各项进给率参数的数值，如图 10-248 所示，最后单击 确定 按钮。

7）各种参数设置完毕后，在【定心钻】对话框的【操作】下单击 （生成）按钮，生成刀具路径如图 10-249 所示。

图 10-247　设置主轴速度

图 10-248　设置进给率参数

图 10-249　生成刀具路径

8）在【定心钻】对话框下单击 （确认）按钮，进行可视化仿真，此时系统弹出【刀轨可视化】对话框，如图 10-250 所示。单击【3D 动态】选项卡，然后单击 （播放）按钮，即可进行刀具路径可视化验证，如图 10-251 所示。经验证刀具路径无误后，在【刀轨可视化】对话框中单击 确定 按钮，然后在【定心钻】对话框中单击 确定 按钮，完成操作。

图 10-250　【刀轨可视化】对话框

图 10-251　验证刀轨

10.3.11　固定循环钻孔（钻孔）

本步骤将在 10.3.10 节中加工的中心孔位置上完成钻孔操作。

1）在工具栏的加工创建工具条中单击 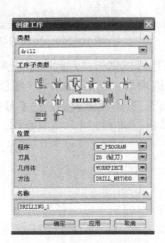 按钮，此时系统弹出【创建工序】对话框，如 10-252 所示。在【类型】下拉列表中选择【drill】选项；在【工序子类型】下单击 （Drilling）按钮；在【位置】的【程序】下拉列表中选择【NC_PROGRAM】项，在【刀具】下拉列表中选择刀具【Z6】项，在【几何体】下拉列表中选择【WORKPECE】项，在【方法】下拉列表中选择【DRILL_METHOD】项；在【名称】的文本框中输入 DRILLING_1。设置完毕后，单击 确定 按钮。此时系统弹出【钻】对话框，如图 10-253 所示。

2）单击几何体对话框中【指定孔】按钮，弹出【指定孔】对话框，选择加工部件中的孔，单击【确定】按钮。

3）在对话框的【循环类型】下单击 【编辑】按钮，系统弹出【指定参数组】对话框，如图 10-254 所示。

图 10-252　【创建工序】对话框

图 10-253　【钻】对话框

图 10-254　【指定参数组】对话框

4）在【指定参数组】对话框中单击 确定 按钮，此时系统弹出图 10-255 所示的【Cycle 参数】对话框。在该对话框中单击 Depth (Tip)（深度）按钮，系统弹出【Cycle 深度】对话框，如图 10-256 所示。单击 穿过底面 按钮，系统再次弹出【Cycle 参数】对话框，单击 进给率 (MMPM) 按钮，系统弹出【Cycle 进给率】对话框，如图 10-257 所示。在【Cycle 进给率】对话框的【毫米每分钟】文本框中输入 25.0000，然后依次单击 确定 按钮直至退回【钻】对话框。

图 10-255　【Cycle 参数】对话框

图 10-256　【Cycle 深度】对话框

图 10-257　【Cycle 进给率】对话框

5）在【钻】对话框的【循环类型】的【最小安全距离】文本框中输入 5，然后在【刀轨设置】下单击 （避让）按钮，系统弹出【避让】对话框，如图 10-258 所示。在该对话框中单击 Clearance Plane 按钮，系统弹出【安全平面】对话框，如图 10-259 所示。

图 10-258　【避让】对话框

图 10-259　【安全平面】对话框

6）在【钻】对话框的【刀轨设置】下单击 （进给率和速度）按钮，此时系统弹出【进给率和速度】对话框。单击【主轴速度】项，此时展开关于主轴设置的项，在【主轴速度（rpm）】文本框中输入 3000，设定主轴转速，如图 10-260 所示；单击【进给率】项，此时将展开关于进给率的设置项，设置各项参数，如图 10-261 所示，单击 确定 按钮完成设置。

7）各种参数设置完毕后，在【钻】对话框的【操作】下单击 （生成）按钮，生成刀具路径如图 10-262 所示。

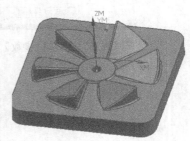

图 10-260　设置主轴速度　　　　图 10-261　设置进给率参数　　　　图 10-262　生成刀具路径

8）在【钻】对话框下单击 （确认）按钮，进行可视化仿真，此时系统弹出【刀轨可视化】对话框，如图 10-263 所示。单击【3D 动态】选项卡，调整【动画速度】滑标为 10，然后单击 ▶（播放）按钮，即可进行刀具路径可视化验证，如图 10-264 所示。可视化仿真加工结束，经验证刀具路径无误后，在【刀轨可视化】对话框中单击 确定 按钮，然后在【钻】对话框中单击 确定 按钮。

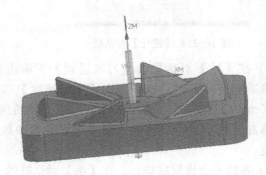

图 10-263　【刀轨可视化】对话框　　　　　　　　　图 10-264　验证刀轨

284

10.3.12　刀路过切检查

刀轨生成程序后，对程序路径进行过切检查。具体操作如下：

1）在【操作导航器-程序顺序】中要检查的程序上单击鼠标右键，选择【刀轨】选项，再单击【过切检查】，如图 10-265 所示，弹出【过切检查】对话框，在【第一次过切时暂停】前点勾，如图 10-266 所示。单击【确定】按钮，等待数秒后，弹出【信息】对话框，显示过切检查后的信息，如图 10-267 所示。

图 10-265　过切命令选择

图 10-266　【过切检查】对话框

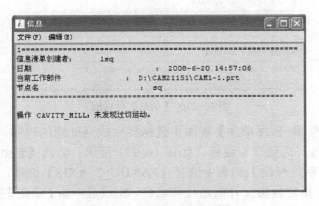

图 10-267　【信息】对话框

2）用同样的方法选择其他程序，检验刀路的过切检查。

10.3.13　后置处理

确认上述程序完全正确后进行刀轨后置处理，后置处理主要包括：生成车间文档和数控加工 G 代码程序。

1）在【工序导航器-几何】视图中单击选中程序，单击【操作】工具条的车间文档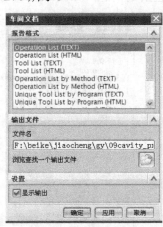按钮，如图 10-268 所示，弹出【车间文档】对话框，如图 10-269 所示。在【报告格式】列表中选择输出格式【Operation List（TEXT）】选项，在【输出文件】文本框中输入文件路径和名称，单击【确定】按钮，系统弹出【信息】对话框，如图 10-270 所示。

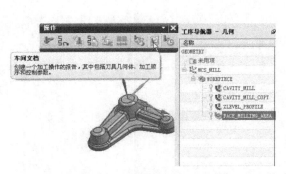

图 10-268　打开【车间文档】对话框　　　　图 10-269　【车间文档】对话框

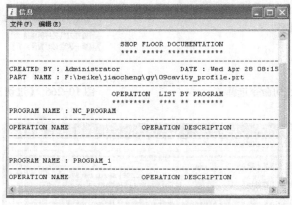

图 10-270　【信息】对话框

2）在【操作导航器-程序顺序】视图中选择要生成后处理的程序，单击右键，在弹出的快捷菜单中单击 （后处理）图标，如图 10-271 所示。弹出【后处理】对话框，如图 10-272 所示。在【后处理器】列表中选择【FANUC_3_AXIS】选项，在【输出文件】的【文件名】文本框中指定输出文件的路径和名称，完成后单击【确定】按钮，系统弹出【信息】对话框，如图 10-273 所示。该对话框列出操作对象的 G 代码程序。自此，程序后处理完毕。

图 10-271　后处理操作

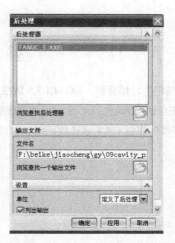

图 10-272　【后处理】对话框

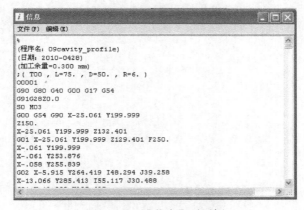

图 10-273　【信息】对话框

参 考 文 献

[1] 鑫泰科技 郝根生，康亚鹏．UG NX 7.5 数控加工自动编程[M]．3 版．北京：机械工业出版社，2011．

[2] 三维书屋 王泽鹏，薛凤先．UG NX 6.0 中文版数控加工从入门到精通[M]．2 版．北京：机械工业出版社，2009．

[3] 云杰漫步多媒体科技 CAX 设计教研室．UG NX 6 中文版数控加工[M]．北京：清华大学出版社，2009．